技工院校一体化课程教学改革计算机网络应用专业教材

IT 桌面软件维护

人力资源社会保障部教材办公室组织编写

中国劳动社会保障出版社

内容简介

本书主要内容包括新购计算机常用工具软件安装与维护、Office 套件升级安装与维护、财务部门安全软件维护、办公外围设备的安装、办公外围设备的维护、计算机重要文件数据恢复、档案室计算机中毒后的系统恢复、云终端与智能终端维护八个学习任务。

图书在版编目(CIP)数据

IT 桌面软件维护/人力资源社会保障部教材办公室组织编写. —北京：中国劳动社会保障出版社，2017

技工院校一体化课程教学改革计算机网络应用专业教材

ISBN 978-7-5167-3128-4

Ⅰ.①I… Ⅱ.①人… Ⅲ.①软件维护-技工学校-教材 Ⅳ.①TP311.53

中国版本图书馆 CIP 数据核字(2017)第 198970 号

中国劳动社会保障出版社出版发行

（北京市惠新东街 1 号 邮政编码：100029）

*

北京市艺辉印刷有限公司印刷装订 新华书店经销

787 毫米×1092 毫米 16 开本 10.5 印张 179 千字

2017 年 8 月第 1 版 2023 年12月第 7 次印刷

定价：21.00 元

营销中心电话：400-606-6496

出版社网址：http://www.class.com.cn

http://jg.class.com.cn

技工院校一体化课程教学改革教材编委会名单

编审委员会

主　任：汤　涛
副主任：张立新　王晓君　张　斌　金　龄　刘　康　袁　芳　陈　祎
委　员：翟　涛　王　飞　何绪军　刘　春　王雪宁　陈　蕾　蔡　兵
　　　　刘素华　李荣生

编审人员

主　编：夏　涛
参　编：邹伟民　吕轩民　赵慧慧
主　审：王秀娟

序

习近平总书记指示："职业教育是国民教育体系和人力资源开发的重要组成部分，是广大青年打开通往成功成才大门的重要途径，肩负着培养多样化人才、传承技术技能、促进就业创业的重要职责，必须高度重视、加快发展。"技工教育是职业教育的重要组成部分，是系统培养技能人才的重要途径。多年来，技工院校始终紧紧围绕国家经济发展和劳动者就业，以满足经济发展和企业对技术工人的需求为办学宗旨，既注重包括专业技能在内的综合职业能力的培养，也强调精益求精的工匠精神的培育，为国家培养了大批生产一线技能劳动者和后备高技能人才。

随着加快转变经济发展方式、推进经济结构调整以及大力发展高端制造业等新兴战略性产业，迫切需要加快培养一批具有精湛技能和高超技艺的技能人才。为了进一步发挥技工院校在技能人才培养中的基础作用，切实提高培养质量，从2009年开始，我部借鉴国内外职业教育先进经验，在全国130余所技工院校先后启动了两批共计15个专业（课程）的一体化课程教学改革试点工作，推进以职业活动为导向，以校企合作为基础，以综合职业能力培养为核心，理论教学与技能操作融合贯通的一体化课程教学改革。这项改革试点将传统的以学历为基础的职业教育转变为以职业技能为基础的职业能力教育，促进了职业教育从知识教育向能力培养转变，努力实现"教、学、做"融为一体，收到了积极成效。改革试点得到了学校师生的充分认可，普遍反映一体化课程教学改革是技工院校一次"教学革命"，学生的学习热情、综合素质和教学组织形式、教学手段都发生了根本性变化。试点的成果表明，一体化课程教学改革是转变技能人才培养模式的重要抓手，是推动技工院校改革发展的重要举措，也是人力资源社会保障部门加强技工教育和职业培训工作的一个重点项目。

教学改革的成果最终要以教材为载体进行体现和传播。根据我部推进一体化课程教学改革的要求，一体化课程教学改革专家、几百位试点院校的骨干教师以及中国人力资源和社会保障出版集团的编辑团队，组织实施了一体化课程教学改革试点，并将试点中形成的课程成果进行了整理、提炼，汇编成“活页”教材。继 2012 年第一批试点专业教材正式出版之后，第二批试点专业教材经过试用、修改完善，将陆续正式出版。希望全国技工院校将一体化课程教学改革作为创新人才培养模式、提高人才培养质量的重要抓手，进一步推动教学改革，促进内涵发展，提升办学质量，为加快培养合格的技能人才做出新的更大贡献！

技工院校一体化课程教学改革
教材编委会
2016年10月

活页式教材使用说明

◆ 页码编排方式

为了更加方便地在教材中增删和替换内容，页码采用“学习任务编号 - 学习活动编号 - 页码号”三级编排形式，如“3-2-4”表示“学习任务三”的“学习活动 2”的第 4 页。

◆ 过程评价表使用方法

教材中设计了“自评表”“互评表”“教师总评表”“综合评价表”等评价表格，表头上有“班级”“姓名”“学号”等信息栏，从活页教材中取出评价表填写后可以单独提交。

◆ 教材内容更新方法

中国人力资源和社会保障出版集团将根据一体化课程教学改革的推进以及科学技术的发展和不同地域的需要，不断补充和更新教材中的学习任务和学习活动，学校可以从“一体化课程教学改革教学资源网（http：//zyjy.class.com.cn）”下载（需在网站注册）。通过网站还可以了解到更多的一体化课程教学改革信息和下载相关资源。

◆ 便携式活页夹和 PVC 保护板使用方法

对于带活页外夹的教材，使用其内附赠的便携式活页夹，可以灵活方便地将教材中部分内容携带至一体化教学场地，教材内附的整张 PVC 保护板可以作为学习记录垫板使用。对于未带活页外夹的教材，可联系中国人力资源和社会保障出版集团另行购买。

◆参考用书选用方法

在学习过程中，学生需要查阅大量参考资料，下表为中国人力资源和社会保障出版集团出版的适宜本专业一体化教学使用的参考书目录。

计算机网络应用专业一体化教学参考书目录（中级阶段）

序号	书号	书名
1	978-7-5045-9466-2	电工与电子技术基础（第二版）
2	978-7-5045-9237-8	键盘操作与五笔字型
3	978-7-5045-9230-9	计算机应用基础
4	978-7-5045-9067-1	中文版Windows 7基础与应用
5	978-7-5045-9509-6	计算机组装与维护
6	978-7-5167-0550-6	Photoshop平面设计与制作
7	978-7-5167-2119-3	小型局域网组建与管理

目　　录

学习任务一　新购计算机常用工具软件安装与维护

学习目标

1. 能通过与客户的专业沟通明确工作任务，并准确概括、复述任务内容及要求。
2. 能合理制订工作计划。
3. 能根据需求选择适当的常用工具软件产品。
4. 能通过正规渠道准确、高效地获取工具软件安装程序。
5. 能描述《计算机软件保护条例》等法律法规的基本原则和主要内容。
6. 能使用常用的 Windows 命令提示符命令查看系统及网络状态。
7. 能正确安装常用工具软件。
8. 能使用广播软件实现软件的批量安装。
9. 能按工作流程对任务成果进行检查并交付验收。

建议学时

20 学时

工作情境描述

某单位业务部门新购了 50 台已安装操作系统的台式计算机。为提高效率、满足日常使用要求，实现文件压缩、图片查看、电子文档阅读、网页浏览、音视频播放等功能，要求网络管理员通过网络同传的方式完成上述软件的安装与调试。

工作流程与活动

学习活动 1 明确任务和制订计划

学习活动 2 实施作业

学习活动 3 自检及交付验收

学习活动1　明确任务和制订计划

学习目标

1. 能通过与客户的专业沟通明确工作任务，并准确概括、复述任务内容及要求。

2. 能列举常用工具软件的类型和主要产品。

3. 能通过正规渠道准确、高效地获取工具软件安装程序。

4. 能描述《计算机软件保护条例》等法律法规的基本原则和主要内容。

5. 能合理制订工作计划。

建议学时：6学时

学习过程

一、明确工作任务

根据工作情境描述，模拟实际场景进行沟通交流练习，写出本任务客户需求的要点。

二、认识常用的工具软件

1. 在日常使用计算机的过程中，文件的压缩与解压缩、图片查看、PDF等电子文档的阅读、网页浏览、音频视频的播放等功能，通常都需要专门的软件来完成，这些软件一般占用空间较小、专用于一项或几项特定的功能，就是通常所说的工具软件。

识读下列软件图标，查阅资料，了解这些软件的名称及功能，并查看当前使用的计算机中是否安装了这些软件。

	名称： 功能：		名称： 功能：
	名称： 功能：		名称： 功能：
	名称： 功能：		名称： 功能：
	名称： 功能：		名称： 功能：
	名称： 功能：		名称： 功能：

2. 将以上软件按照以下分类方式进行分类，同时给出相应类别中其他常用软件的名称。

类别	软件名称
文件管理软件	
音视频播放软件	
图片浏览及美化软件	
即时通信软件	
浏览器	
下载软件	
办公软件	
系统安全软件	
输入法软件	

3. 信息科学发展日新月异，各类软件中功能近似的也层出不穷。当前所用计算机中，除了上面列出的软件，是否还安装了其他工具软件？是实现什么功能的？在其他场合使用计算机时还遇到过哪些工具软件？将其名称和功能列举出来。

三、了解常见工具软件的获取方式

1. 在实际应用中，可以采用多种方式获取所需工具软件，常用的包括：从线下或线上的软件销售商处购买、从软件开发商网站下载、从第三方软件发布平台下载、通过管理软件下载等。

查阅资料并通过网络搜索等方式调研，回答以下问题：

（1）线下购买（或线上邮购）的软件通常采用什么样的载体？一般哪类软件常采用此种方式销售？

（2）比较几种线上下载的渠道，从资源的丰富性、安全性、便捷性等角度，总结它们各自的特点。

（3）列举一些常用的第三方软件发布网站和软件管理工具。

小提示

在选择工具软件时，应注意以下几方面的问题。

1. 选取质量好的软件

仔细选择适合自己的软件。现在软件种类繁多，如何选择适合自己的软件也是一门学问。同类软件款式众多，性能、品质亦有差别。因而，除了选择功能合适的软件外，还特别要注意软件的口碑。这种比较，可以借助于权威评价或论坛评论，从而减少因为安装软件而引起的系统安全问题。

2. 不要安装多个功能相同的软件

相同功能软件选择一个安装即可。如果安装多个同类软件，不仅会占用系统资源，还有可能造成软件之间相互冲突。典型的如杀毒软件，不同厂商的杀毒软件经常将对方认为是病毒加以删除，这样反而会对系统安全造成威胁。

3. 小心各种破解软件和破解补丁

破解软件和破解补丁通过技术手段，利用软件本身或正版验证过程中的漏洞，绕过版权保护措施，达到不付费或越过权限限制而非法使用软件的目的。在利益的驱动下，常常有制作者或传播者利用破解软件或破解补丁入侵用户计算机的情况发生，给系统带来安全隐患，甚至出现中毒、中木马、被安装垃圾插件等危险。

2. 尝试从软件开发商网站、第三方软件发布平台和软件管理工具三种途径下载软件，体会不同渠道下载的方法步骤，并回答以下问题。

（1）通过软件开发商网站下载

1）该软件的名称是什么？开发商网站的网址是什么？该地址是如何获取的？查找过程中遇到了哪些问题？

2）所下载的软件版本是什么？安装文件格式是什么？

3）将软件的安装文件分类整理归档是一个良好的使用习惯，你创建的用于存放所下载安装文件的文件夹路径是什么？

（2）通过第三方软件发布网站下载

1）你所使用的第三方网站名称和地址是什么？

2）你是如何选择确定使用该网站的？为什么选择它？

3）目前众多的第三方软件发布平台中，出于商业利益的原因，常常存在一些“伪装”成下载链接的广告条，诱导用户点击广告，如下图所示。如何分辨正确的下载链接？总结一下规律。

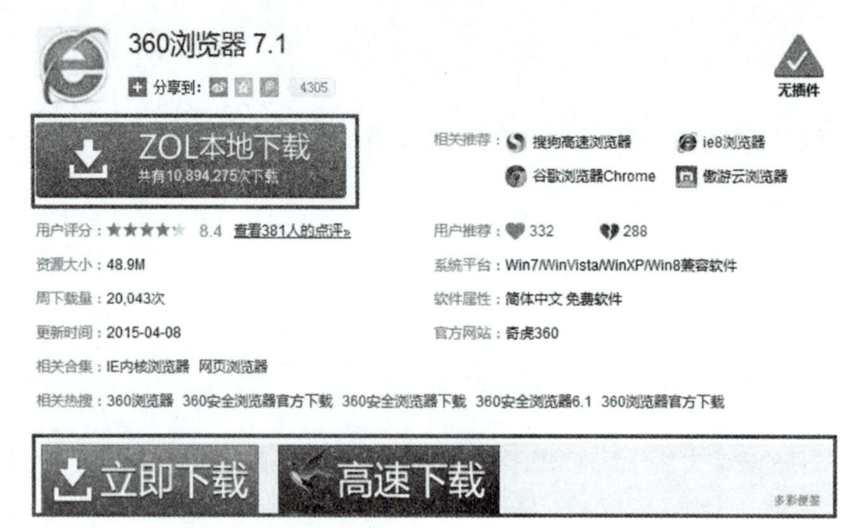

（3）通过软件管理工具下载

1）你所使用的软件管理工具名称是什么？

2）除了简单的下载功能外，软件管理工具通常还具有其他便捷功能方便用户使用。例如，360 软件管家的设置界面如下图所示，查阅各个选项，了解其功能，并根据实际需要进行配置。

3. 学习《中华人民共和国著作权法》《计算机软件保护条例》等有关知识产权的法律法规，结合前面的学习和实际体验，以法律法规为依据，简要谈谈当前软件版权保护的现状和你对这一问题的认识。

四、制订工作计划

明确了客户的任务需求后，应规划好任务实施的步骤和具体分工，然后按计划有条不紊地完成。制订工作计划时，应安排好计划中各个步骤的时间节点和负责人，确保按照计划安排按时、保质完成任务。

对于本任务，具体的实施步骤包括：

1. 安装配置网络同传工具。
2. 确定需要安装的软件。
3. 获取软件的安装文件。
4. 利用网络同传工具发布软件安装包。
5. 在各终端上完成最后的安装配置。

经小组讨论后完成下面的任务计划表格。

步骤	所需时间	负责人
安装配置网络同传工具		
确定需要安装的软件		
获取软件的安装文件		
利用网络同传工具发布软件安装包		
在各终端上完成最后的安装配置		

学习活动 2　实 施 作 业

学习目标

1. 能根据需求选择适当的常用工具软件产品。

2. 能通过正规渠道准确、高效地获取工具软件安装程序。

3. 能使用常用的 Windows 命令提示符命令查看系统及网络状态。

4. 能正确安装常用工具软件。

5. 能正确安装配置广播软件。

6. 能使用广播软件实现软件的批量安装。

建议学时：12 学时

学习过程

一、安装配置红蜘蛛软件

1. 通过网络同传的方式，实现由服务器批量向多台计算机设备推送文件并进行软件的安装，可以减少逐一拷贝、安装的烦琐流程，便于网络管理员对大量设备进行同时管理。本任务以教学中常用的、可实现此功能的红蜘蛛软件为例进行练习。查阅资料，列举常用的网络同传工具还有哪些。

2. 安装准备工作

通过正规渠道下载红蜘蛛软件。安装软件之前，要求服务器和所有客户机都必须在同一个网段内，子网掩码要相同，具有稳定可靠的网络性能。系统“命令提示符”下的“ipconfig /all”命令可以用于检查是否正确设置或获取了 IP 地址。另外要求从服务器到客户机、从客户机到服务器都可以 ping 通，并且 time≤1ms。

（1）查阅相关资料或通过互联网检索，学习 IP 地址的相关知识，回答以下问题。

1）IP 地址的作用是什么？其编码规则是怎样的？

2）什么是公网地址？什么是私网地址？哪些网段属于私网地址？

3）子网掩码、默认网关和 DNS 服务器的作用分别是什么？

（2）查阅相关资料或通过互联网检索，学习 ipconfig 和 ping 命令的相关知识，回答以下问题。

1）如何进入命令提示符？

2）ipconfig 命令的功能是什么？其命令格式是什么？其运行结果展示了哪些内容？含义是什么？

3）ping 命令的功能是什么？其命令格式是什么？其运行结果展示了哪些内容？含义是什么？

（3）查阅相关资料，命令提示符下使用的常用系统管理命令还有哪些？可实现哪些功能？

（4）检查相关参数配置，将测试结果记录下来。

3. 安装红蜘蛛软件

（1）安装服务器端软件

软件的安装步骤与一般软件基本相同，在服务器上安装时，注意计算机角色应选择“教师机/管理机”，如图所示。

1）由于软件需要使用相关的网络功能权限，在安装过程中应根据提示正确配置防火墙，以保证软件的正常使用，如下图所示。当前计算机的防火墙配置是否符合要求？如何检查？如不符合，做了哪些修改？记录下来。

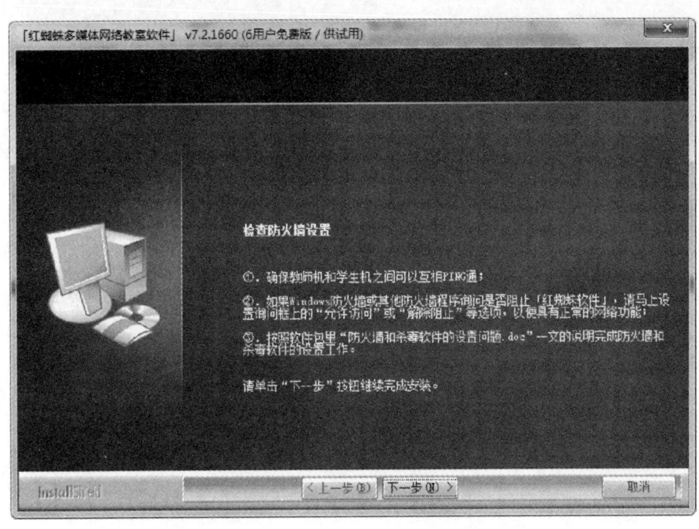

2）对于安装了多块网卡的服务器，还要正确选择要使用的网卡和 IP 地址，如下图所示。当前使用的计算机是否存在这一情况？如存在，是如何选择的？记录下来。

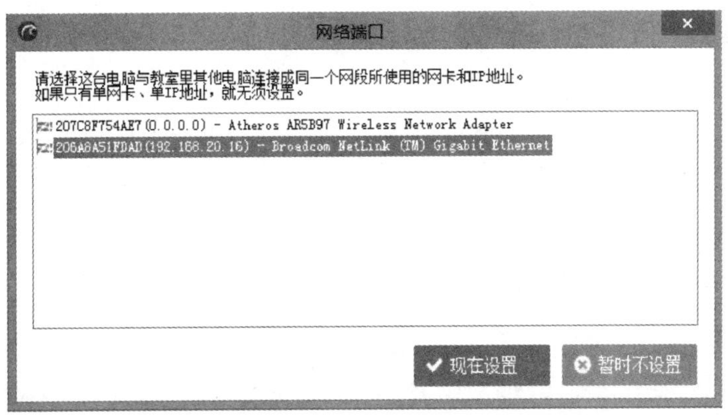

安装成功后，服务器端界面如下：

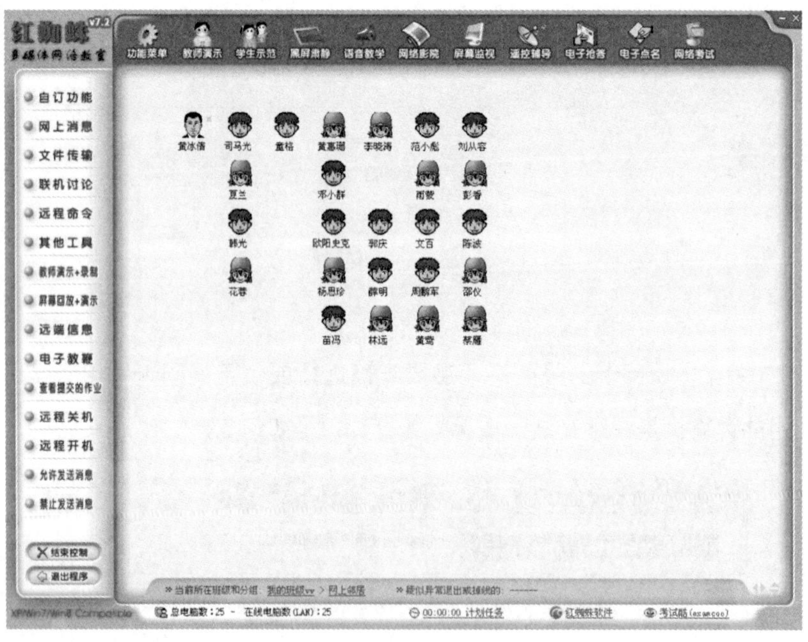

（2）安装用户端软件

用户端软件安装步骤与服务器端相同，唯一的不同就是在选择计算机角色的时候应该选择____________________。

4. 整个安装过程中是否还遇到了其他问题？如何解决的？记录到下面的表格中。

所遇问题	解决方法

二、确定待安装软件

根据任务需求，确定待安装软件的清单，填入下表中，并简述理由。

类别	软件名称	选择理由

三、获取待安装软件

根据清单，选择合适的途径获取该软件，记录在下表中，总结获取过程中遇到的问题和解决方法。

软件名称	软件版本	获取途径

四、利用红蜘蛛软件实现批量传输

1. 红蜘蛛软件的文件传输功能提供了权衡传输速度和稳定性的两种选择。对于小文件，可以选择较快的速度，即广播方式进行传输；而对于大文件，可以选择稳定性较高的方式，即点对点方式进行传输，以保证传输的成功。

2. 使用不同的传输方式传输待安装的文件安装包。

（1）利用广播模式传输文件。按照以下步骤完成操作，并回答相关问题。

1）选择接收文件的分组和客户（如果没有选择，则向当前分组的所有客户传输），再选择左侧菜单栏上的“文件传输”菜单进行文件传输。查看菜单功能，简述如何对客户进行分组。

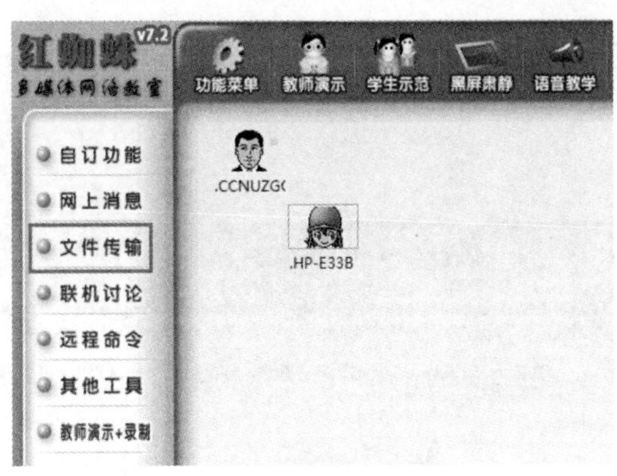

2）打开文件传输模式选择窗口，选择“广播方式”传输模式，单击“继续”按钮。

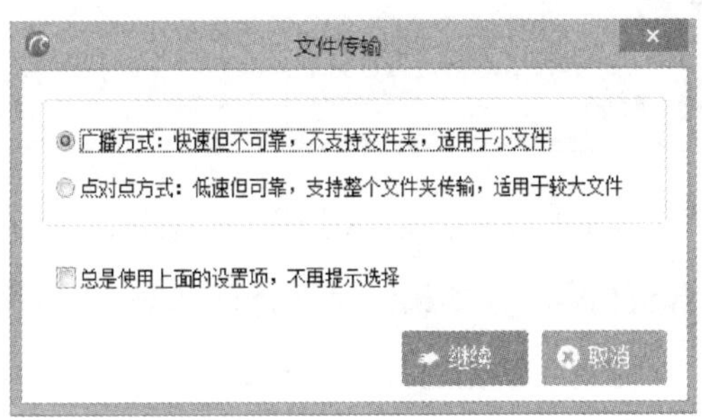

3）选择需要传输的文件，可以是一个，也可以是多个文件。单击“发送”按钮开始传输。文件传输结束后，客户机上可以直接打开或运行，实现统一启动的目的。客户机上保存文件的位置能否设置？如何设置？

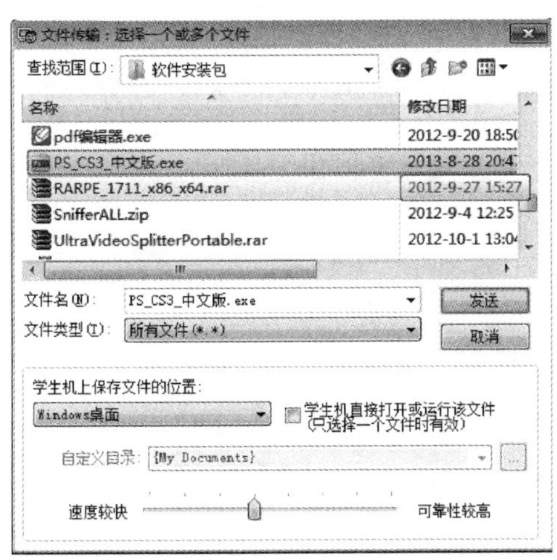

4）传输结束后，在客户机相应位置会出现____________________文件夹，传输完成的文件会保存在该文件夹中。如果在上面步骤中选择__________________________选项，则客户端会自动运行 .exe 文件。

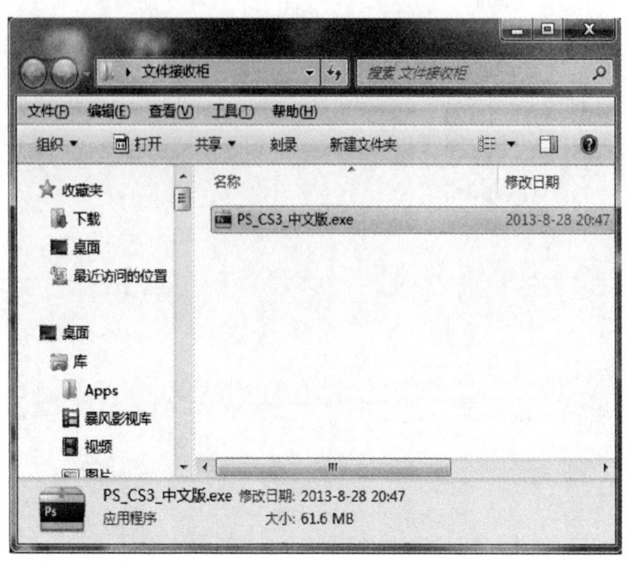

（2）利用点对点模式传输文件。按照以下步骤完成操作，并回答相关问题。

1）选择接收文件的分组和客户（如果没有选择，则向当前分组的所有客户传输），再选择左侧菜单栏上的“文件传输”按钮进行文件传输。

2）打开文件传输模式选择的窗口。选择“点对点方式”传输模式，单击“继续”按钮。

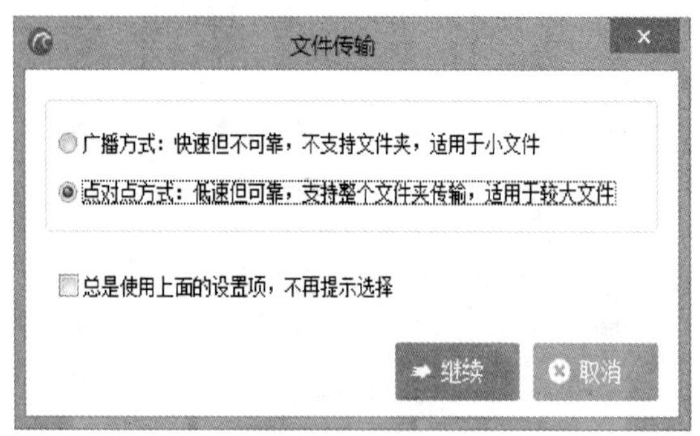

3）界面左侧列出了目标客户的相关信息。在界面右侧可以选择需要传输的文件或文件夹，然后选择客户机上保存文件的位置，最后，单击“发送”按钮开始文件传输任务。

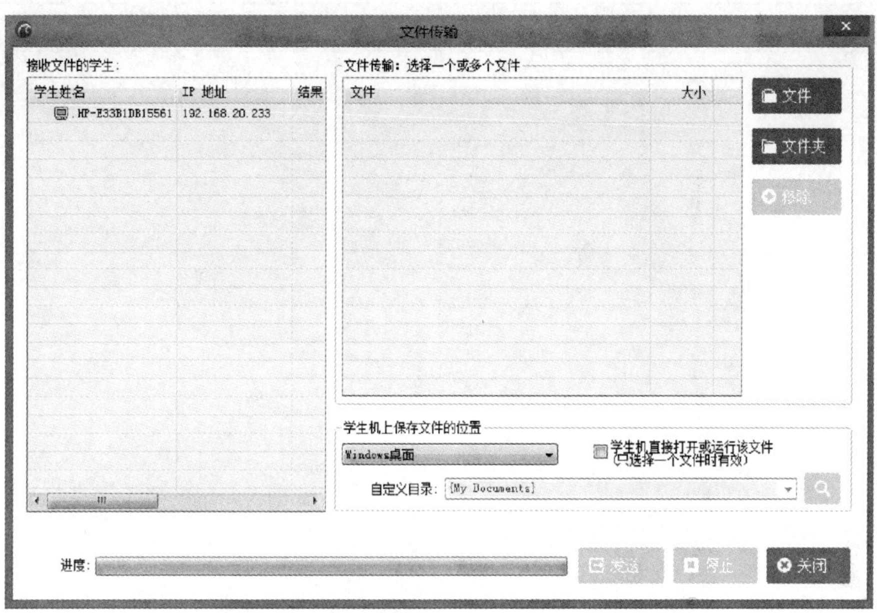

4）传输结束后，在客户机相应位置会出现____________文件夹，传输完成的文件会保存在该文件夹中。

（3）对比两种传输模式，简述它们的区别和适用场合。

3. 在传输过程中遇到了哪些问题？如何解决的？在下表中记录下来。

所遇问题	解决方法

五、完成软件安装

1. 将软件的安装文件传到客户端后，就可以进行安装软件的操作了。软件安装程序常见的有两类：单个安装程序和安装程序包。对于单个的安装程序，只需要运行该文件，按照提示安装即可。对于安装程序包，一般是解压缩后运行其中的 setup. exe 或 install. exe 文件。

在软件安装过程中，如果是付费软件，会出现填写激活码或者注册码的过程，这时应保持网络畅通，将软件包装内附带的（或销售商以其他形式提供的）激活码或注册码填写到相应输入区域，就可以完成软件的激活了。

将传输的客户机上的软件逐一完成安装，安装完成后运行该软件，确认能否正常运行打开。

软件名称	所用时间	安装后是否能正常运行

2. 在安装过程中遇到了哪些问题？如何解决的？在下表中记录下来。

所遇问题	解决方法

小提示

很多软件的开发者为了收益，会在软件中安置各种插件。在安装过程中，会有相应的选项提供给使用者。所以，在安装软件过程中不要追求速度，要看清各个步骤中是否有这些选项，以免安装了不需要的插件。

六、远程管理计算机软件

在网络管理员的实际工作中，除了批量安装管理，往往还需要对计算机软件使用中遇到的各式各样的问题进行处理。如果企业办公场所较大，逐一到现场操作处理效率较低，这时可通过远程管理的方法，通过网络控制对方计算机，检查并排除问题。

1. 查阅相关资料或通过互联网检索，了解 Windows 操作系统自带的远程桌面的使用方法。简述远程桌面工具的使用条件和开启方法，按照查询到的操作步骤完成实际操作练习。

2. 目前，QQ 等即时通信软件中也提供了“远程协助”功能，通过这一功能也可以实现计算机的远程控制。找到相关功能，实际操作一下，简述使用方法。

3. 对比以上两种远程管理方法，简述其各自的优缺点。

学习活动3　自检及交付验收

学习目标

1. 能按工作流程对任务成果进行检查。
2. 能按工作流程完成交付验收。

建议学时：2 学时

学习过程

一、自检

对照任务要求，运行已安装的相应软件，检查是否能正常使用并满足客户需求，填写以下表格。

软件名称	是否可以正常使用	负责人签字

二、交付验收

1. 任务完成后，需要向客户做好交付工作，写出交付工作时的交接内容和需注意的事项。

2. 采用角色扮演形式模拟交付验收的过程，填写相关表格。

客户确认表

客户需求
完成情况
客户意见
1. 您对此次工作完成的周期是否满意？ A. 满意　　B. 一般 C. 不满意（请说明原因：　　） 2. 此次工作的结果是否满足您的需求？ A. 满意　　B. 一般 C. 不满意（请说明原因：　　）

项目负责人签字：　　年　月　日

客户签字：　　年　月　日

工作日志

<table>
<tr><td>员工姓名</td><td></td><td>提交日期</td><td></td></tr>
<tr><td>本日主要工作情况</td><td colspan="3"></td></tr>
<tr><td rowspan="2">工作中出现的问题及解决方法</td><td colspan="2">问题</td><td>解决方法</td></tr>
<tr><td colspan="2"></td><td></td></tr>
<tr><td>下一步计划</td><td colspan="3"></td></tr>
</table>

三、总结评价

按照“客观、公正和公平”原则，在教师的指导下按自我评价、小组评价和教师评价三种方式对自己和他人在本学习任务中的表现进行综合评价。

考核评价表

班级		学号		姓名			
评价项目	评价标准	评价方式			权重	得分小计	总分
		自我评价	小组评价	教师评价			
职业素养与关键能力	1. 遵守管理规定及课堂纪律 2. 学习积极主动、勤学好问 3. 具有团队合作精神				30%		
专业能力	1. 能列举常见工具软件的名称 2. 能通过正规途径获取软件安装包 3. 能通过红蜘蛛软件同传安装程序 4. 能正确安装配置工具软件				70%		
综合等级		指导教师签名		日期			

填写说明：

1. 各项评价采用 10 分制，根据符合评价标准的程度打分。

2. 得分小计按以下公式计算：

得分小计 =（自我评价 ×20% + 小组评价 ×30% + 教师评价 ×50%）×权重

3. 综合等级按 A（9≤总分≤10）、B（7.5≤总分 <9）、C（6≤总分 <7.5）、D（总分 <6）四个级别填写。

学习任务二　Office 套件升级安装与维护

学习目标

1. 能通过与客户的专业沟通明确工作任务，并准确概括、复述任务内容及要求。
2. 能合理制订工作计划。
3. 能通过正规渠道获取 Office 套件的升级安装程序。
4. 能正确安装 Office 套件，或更改其中组件配置。
5. 能按工作流程对任务成果进行检查并交付验收。

建议学时

4 学时

工作情境描述

某企业人事部门有 20 台正常使用的计算机，因工作需要，要求网络管理员对 Office 套件进行升级维护。

工作流程与活动

学习活动 1　明确任务和制订计划

学习活动 2　实施作业

学习活动 3　自检及交付验收

学习活动 1　明确任务和制订计划

学习目标

1. 能通过与客户的专业沟通明确工作任务，并准确概括、复述任务内容及要求。

2. 能合理制订工作计划。

建议学时：1 学时

学习过程

一、明确工作任务

根据工作情境描述，模拟实际场景进行沟通交流练习，写出本任务客户需求的要点。

二、认识 Office 办公软件套装

1. Office 办公软件套装中包含多款功能不一的办公软件，以下是它们的图标，识别图标并在其下方写出对应名称。

2. Office 办公软件套装具有多个版本，查阅资料，了解各个版本的区别，根据示例完成下表，并思考本任务中客户应选择的版本是哪种。

右侧套装是否包含下列软件	Home and Student	Home and Business	Standard	Professional	Professional Plus	Professional Academic
Word	是	是	是	是	是	是
Excel						
PowerPoint						
Outlook						
Access						
OneNote						
InfoPath						
Publisher						
SharePoint Workspace						

3. Office 办公软件套装包括 Word、Excel、PowerPoint、Outlook、Access 等办公软件，查阅资料，写出上述常用办公软件的功能和应用场合，并写出本任务中客户所需升级安装或维护的办公软件名称。

三、学习安装办公软件的基本知识

1. 不同的软件对计算机的软硬件要求不同，在进行升级安装前，首先应了解该软件对计算机的软硬件要求。

（1）查询 Office 办公软件各版本对计算机软硬件的要求，并针对前面为本任务所选择的版本完成下表。

所选版本	软件要求	硬件要求

（2）调查该公司人事部门的计算机配置，完成下表。

计算机编号或 IP 地址	软件配置	硬件配置
01 （IP： ）		
02 （IP： ）		

（3）根据以上对比，本小组所选版本是否适用于该公司人事部门的计算机？如果不适用，如何解决问题？

2．如何合法获取适用于本任务的 Office 办公软件？

软件版本	获取途径	小组选择
		□
		□
		□

四、制订工作计划

明确了客户的任务需求后，应规划好任务实施的步骤和具体分工，然后按计划有条不紊地完成。制订工作计划时，应注意每个环节的时间分配。

序号	项目	具体内容	时间	负责人	参与人	备注

学习活动2 实 施 作 业

学习目标

1. 能通过正规渠道获取 Office 套件的升级安装程序。
2. 能正确安装 Office 套件。
3. 能根据需要更改已安装 Office 套件的组件配置。

建议学时：2 学时

学习过程

一、软件准备

采用前面选择的途径获取软件，并简要描述软件获取的过程及结果。

二、实施安装

1. 进行升级安装与维护之前，需要根据客户要求，按照企业操作规范备份客户系统和重要数据以防丢失，备份过程中注意记录操作过程，完善下面的备份记录。其中备份内容应记录所备份的主要目录或文件，以备查询，备份方式应记录所采用的设备或渠道，如互联网备份、局域网服务器备份、普通移动硬盘备份、加密移动硬盘部分、公司指定存储设备备份等。

序号	需备份的计算机 (编号或 IP 地址)	备份内容	备份方式	负责人	机主签字

小提示

在公司中备份工作文件，往往会涉及公司的商业机密等，一旦泄露就可能损害公司利益，在进行资料备份时要特别注意信息的保密，根据公司所要求的保密级别，选择适当的方式或渠道。

2. 参照下表所示 Office 办公软件套装的安装步骤，在教师指导下完成办公软件升级安装，记录主要步骤和操作要点。

名称	修改日期	类型	大小
Access.zh-cn	2015/4/13 16:33	文件夹	
Catalog	2015/4/13 16:33	文件夹	
Excel.zh-cn	2015/4/13 16:33	文件夹	
Groove.zh-cn	2015/4/13 16:33	文件夹	
InfoPath.zh-cn	2015/4/13 16:33	文件夹	
Office.zh-cn	2015/4/13 16:34	文件夹	
Office64.zh-cn	2015/4/13 16:34	文件夹	
OneNote.zh-cn	2015/4/13 16:34	文件夹	
Outlook.zh-cn	2015/4/13 16:34	文件夹	
PowerPoint.zh-cn	2015/4/13 16:34	文件夹	
Proofing.zh-cn	2015/4/13 16:34	文件夹	
ProPlus.ww	2015/4/13 16:35	文件夹	
Publisher.zh-cn	2015/4/13 16:35	文件夹	
Rosebud.zh-cn	2015/4/13 16:35	文件夹	
Updates	2015/4/13 16:35	文件夹	
Word.zh-cn	2015/4/13 16:35	文件夹	
激活破解	2015/4/13 16:35	文件夹	
autorun	2010/3/22 13:24	安装信息	1 KB
setup	2010/3/12 12:44	应用程序	1,075 KB

打开 Office 办公软件套装安装文件所在文件夹，找到______文件，双击运行。

文件夹中 autorun 文件的作用是什么？

续表

Microsoft Office Professional Plus 2010 Microsoft® Office 安装程序正在准备必要的文件，请稍候	等待安装程序准备必要的文件
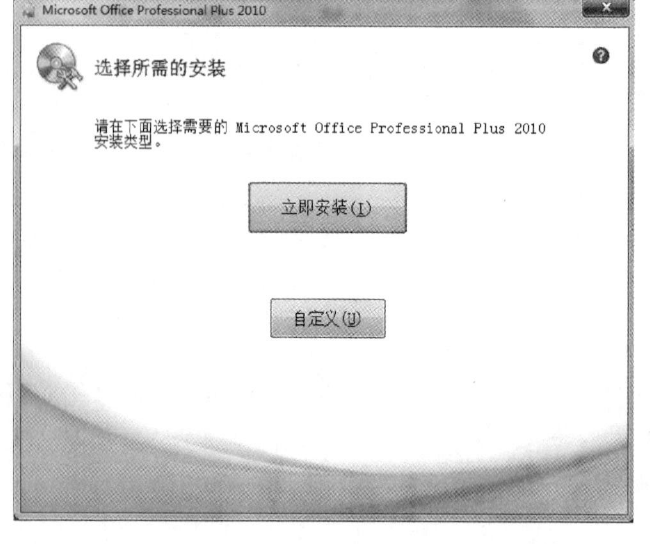 	若之前系统中未安装 Office 软件，则出现左图所示首次安装界面，可选择“立即安装”，也可以选择“自定义”。 选择“立即安装”时，默认安装的组件有哪些？默认安装路径是什么？ 选择“自定义”，可以更改哪些安装选项？

续表

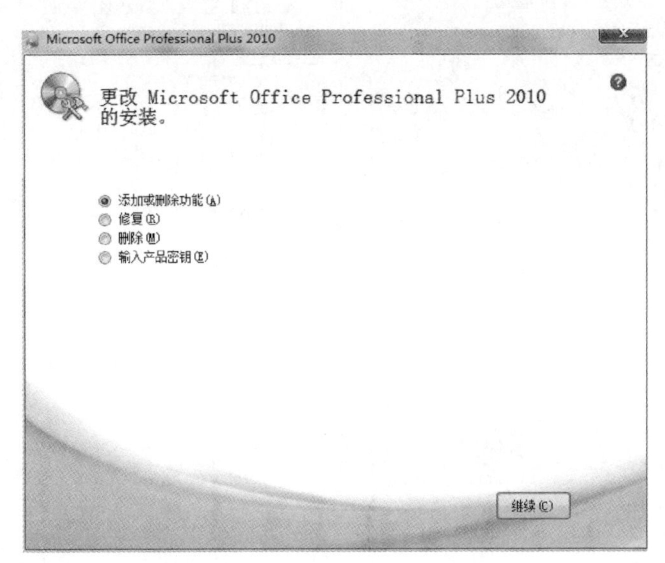	如系统中已安装 Office 软件，则会进入更改安装界面，可根据具体的应用需要选择“添加或删除功能”“修复”“删除”“输入产品密钥”。 这四项功能分别用于什么用途？
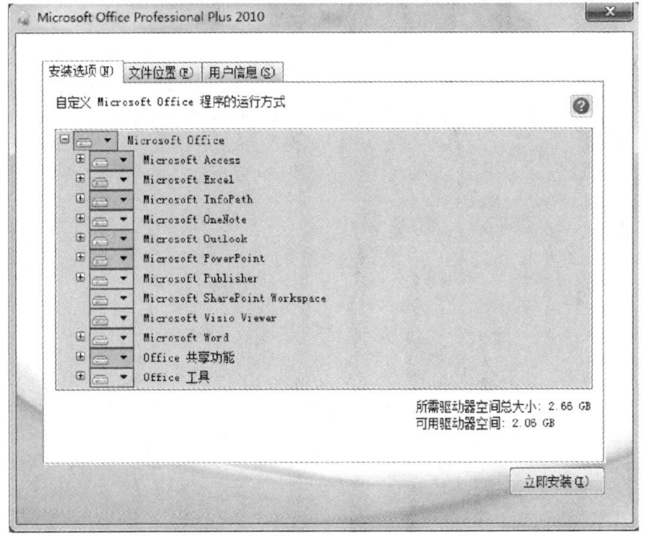	选择“自定义”安装选项后，进入左图所示界面。单击列表中的按钮，可弹出以下菜单，根据实际安装需要选择即可。 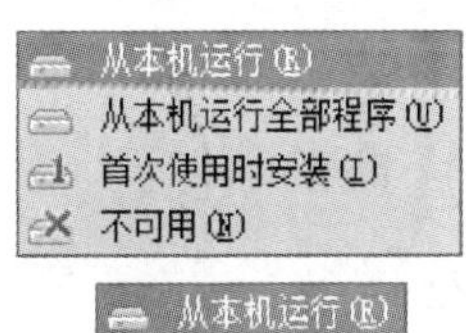 在更改安装界面选择“添加或删除功能”后进入的对话框与之类似。 简述以上四个选项的功能，并比较选择了不同选项之后，列表中显示内容的变化及含义

续表

<table>
<tr><td>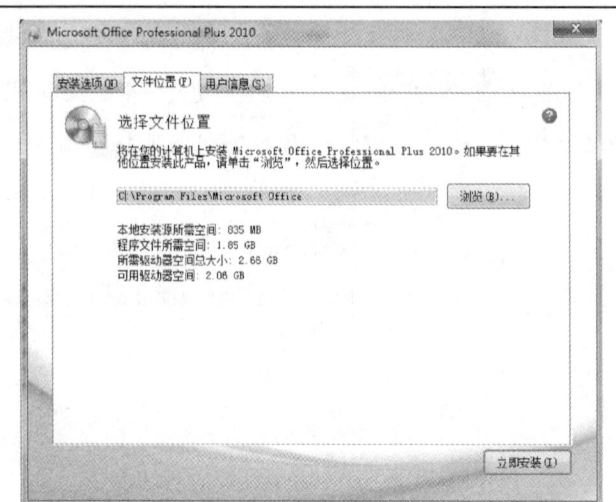
</td><td>在“自定义”安装界面下，还可设置文件安装位置，默认为安装在系统盘（通常为C盘），如为节省系统盘空间，有时也可修改为安装在其他盘（如D盘）。是否安装在D盘，就不再占用系统盘空间了？</td></tr>
<tr><td>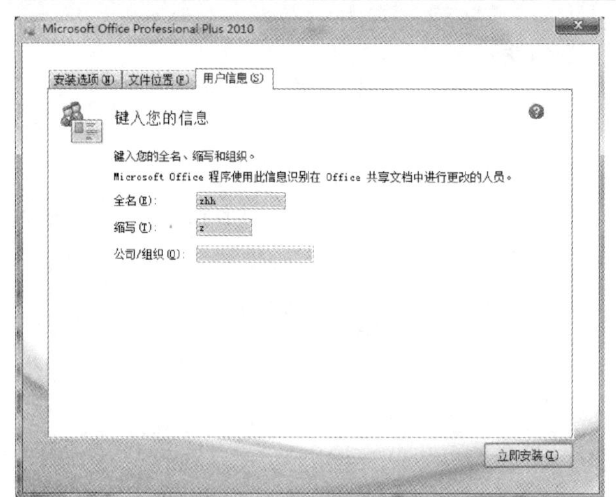
</td><td>在“自定义”安装界面下，还可设置用户信息，Office使用此信息识别在Office文档中进行编辑修改的人员。全名和缩写会体现在Office文档的什么位置？</td></tr>
<tr><td>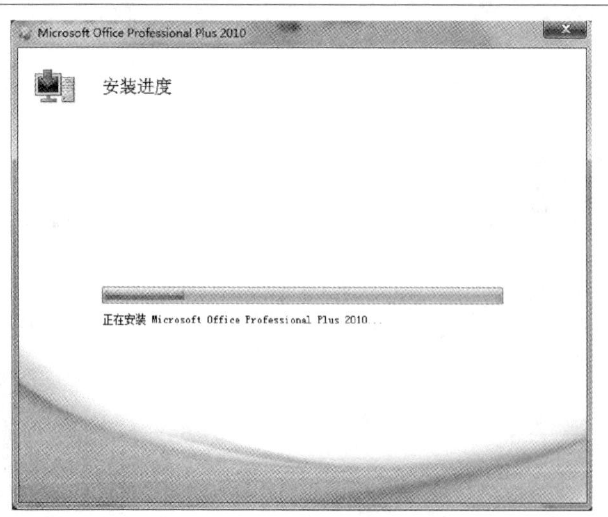
</td><td>配置完成后，单击“立即安装”，即可开始软件的安装，对话框中显示安装进度</td></tr>
</table>

续表

<table>
<tr>
<td>
</td>
<td>安装完成后，显示左图所示界面，单击“关闭”按钮即可，至此，安装完毕。
单击“关闭”按钮之前，如果单击“继续联机”按钮，可以享受微软公司提供的在线增值服务</td>
</tr>
<tr>
<td>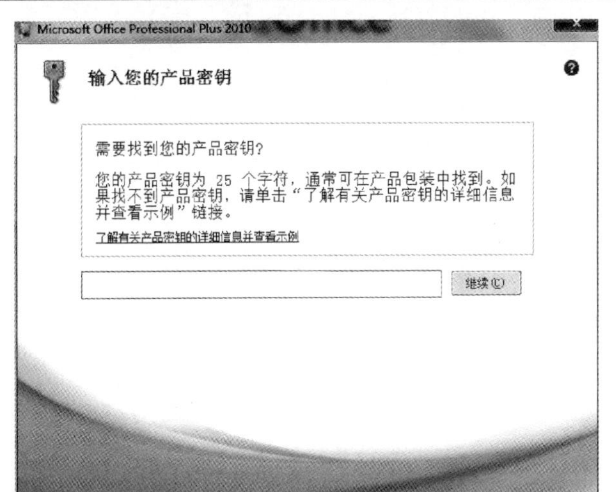
</td>
<td>安装完成后，在 Office 文档中单击“文件”→“帮助”，可以看到 Office 是未激活状态，根据提示进入左图所示界面输入“产品密钥”进行激活，才可以正常使用产品</td>
</tr>
<tr>
<td>
激活的产品
Microsoft Office Professional Plus 2010
本产品包含Microsoft Access, Microsoft Excel, Microsoft SharePoint Workspace, Microsoft OneNote, Microsoft Outlook, Microsoft PowerPoint, Microsoft Publisher, Microsoft Word, Microsoft InfoPath.
更改产品密钥
关于 Microsoft Word
版本: 14.0.7165.5000 (32 位)
其他版本和版权信息
Microsoft Office Professional Plus 2010 的一部分
© 2010 Microsoft Corporation。保留所有权利。
Microsoft 客服和支持
产品 ID:02260-018-0000106-48078
Microsoft 软件许可条款</td>
<td>激活成功后，在 Office 文档中再次单击“文件”→“帮助”，可以看到“激活的产品”的字样</td>
</tr>
</table>

三、记录所遇问题及解决方法

在安装过程中遇到了哪些问题？如何解决的？在下表中记录下来。

所遇问题	解决方法

学习活动 3 自检及交付验收

学习目标

1. 能按工作流程对任务成果进行检查。
2. 能按工作流程完成交付验收。

建议学时：1 学时

学习过程

一、自检

对照任务要求，运行已升级安装或维护的相应软件，检查是否能正常使用并满足客户需求。通过网络查询和小组讨论，思考测试的要点和方法，对测试步骤进行简要描述，完善下表所示的测试计划并展开测试。

序号	软件	测试时间	测试要点	步骤	遇到的问题	解决方法	负责人
1	Word						
2	Excel						

续表

序号	软件	测试时间	测试要点	步骤	遇到的问题	解决方法	负责人
3	PowerPoint						
4	Outlook						
5	Access						
6	OneNote						
7	InfoPath						
8	Publisher						
9	SharePoint Workspace						

小提示

功能测试又称正确性测试，就是对产品的各项功能进行验证。根据功能测试计划，逐项测试，检查产品是否达到用户要求的功能或检查软件的功能是否符合规格说明。由于正确性是软件最重要的质量因素，所以功能测试也非常重要。

二、交付验收

1. 任务完成后，需要向客户做好交付工作，写出交付工作时的交接内容和需注意的事项。

2. 采用角色扮演形式，模拟交付验收的过程，撰写交付验收报告，设计交接工作相关的记录文档。

三、总结评价

按照“客观、公正和公平”原则，在教师的指导下按自我评价、小组评价和教师评价三种方式对自己和他人在本学习任务中的表现进行综合评价。

考核评价表

<table>
<tr><td>班级</td><td colspan="2"></td><td>学号</td><td colspan="2"></td><td>姓名</td><td colspan="3"></td></tr>
<tr><td rowspan="2">评价项目</td><td colspan="3" rowspan="2">评价标准</td><td colspan="3">评价方式</td><td rowspan="2">权重</td><td rowspan="2">得分小计</td><td rowspan="2">总分</td></tr>
<tr><td>自我评价</td><td>小组评价</td><td>教师评价</td></tr>
<tr><td>职业素养与关键能力</td><td colspan="3">1. 遵守管理规定及课堂纪律
2. 学习积极主动、勤学好问
3. 具有团队合作精神</td><td></td><td></td><td></td><td>30%</td><td></td><td rowspan="2"></td></tr>
<tr><td>专业能力</td><td colspan="3">1. 能通过正规渠道获取 Office 套件的升级安装程序
2. 能正确安装 Office 套件，或更改其中组件配置</td><td></td><td></td><td></td><td>70%</td><td></td></tr>
<tr><td>综合等级</td><td colspan="2"></td><td>指导教师签名</td><td colspan="2"></td><td colspan="2">日期</td><td colspan="2"></td></tr>
</table>

填写说明：

1. 各项评价采用10分制，根据符合评价标准的程度打分。

2. 得分小计按以下公式计算：

得分小计 =（自我评价 ×20% + 小组评价 ×30% + 教师评价 ×50%）× 权重

3. 综合等级按 A（9≤总分≤10）、B（7.5≤总分 <9）、C（6≤总分 <7.5）、D（总分 <6）四个级别填写。

学习任务三　财务部门安全软件维护

学习目标

1. 能通过与客户的专业沟通明确工作任务，并准确概括、复述任务内容及要求。
2. 能合理制订工作计划。
3. 能通过正规渠道获取安全软件的离线升级包。
4. 能正确安装使用域控制器。
5. 能使用域控制器实现离线升级包的推送。
6. 能按工作流程对任务成果进行检查并交付验收。

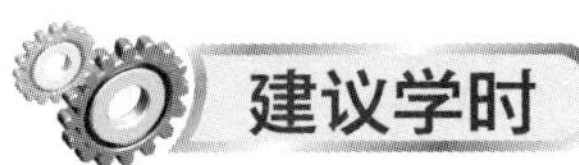

建议学时

10 学时

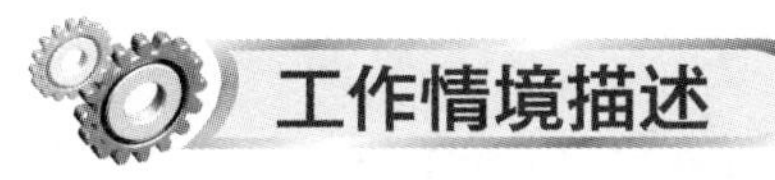

工作情境描述

某单位为确保财务部门计算机安全，计划为计算机的防火墙和杀毒软件进行升级。现要求网络管理员在规定时间内通过域控制器完成此任务。

工作流程与活动

学习活动 1　明确任务和制订计划

学习活动 2　实施作业

学习活动 3　自检及交付验收

学习活动 1　明确任务和制订计划

学习目标

1. 能通过与客户的专业沟通明确工作任务，并准确概括、复述任务内容及要求。

2. 能描述 Windows Server 网络操作系统的主要功能特点。

3. 能描述域控制器的主要功能特点。

4. 能合理制订工作计划。

建议学时：2 学时

学习过程

一、明确工作任务

1. 根据工作情境描述，模拟实际场景进行沟通交流练习，写出本任务客户需求的要点。

2. 财务部门作为单位的重要组成部分，对信息安全有着非常严苛的要求。作为单位的网络管理员，能否让财务部门的计算机直接连接外网？为什么？如果不能，正确的处理方式是什么？

二、认识域控制器

1. 在连接到互联网的前提下，安全软件通常可以在线直接升级。那么，在无法连接外网的情况下，安全软件该如何升级呢？

2. 在工作情境描述中，提到了域控制器，什么是域控制器？它有什么作用？

小提示

在Windows操作系统中，“域”是一个由服务器进行管理控制的计算机的集合。在对等网模式下，任何一台计算机只要接入网络，其他设备就都可以访问它的共享资源。尽管对等网络上的共享文件可以加访问密码，但是非常容易被破解。而在“域”模式下，至少有一台服务器负责每一台接入网络的计算机和用户的验证工作，相当于一个单位的门卫，称为“域控制器（Domain Controller，简写为DC）”。域控制器中包含了由这个域的账户、密码、属于这个域的计算机等信息构成的数据库。当计算机接入网络时，域控制器首先要鉴别这台计算机是否是属于这个域的，用户使用的登录账号是否存在、密码是否正确。如果以上信息有一项不正确，那么域控制器就会拒绝这个用户从这台计算机登录。不能登录，用户就不能访问服务器上有权限保护的资源，他只能以对等网用户的方式访问Windows共享出来的资源，这样就在一定程度上保护了网络上的资源。

3. 域控制器是安装在服务器操作系统上的。查阅资料，列举常用的服务器操作系统。

4. 本任务采用的是Windows Server 2008操作系统，查询资料，列写其特点，并写出其与Windows 7操作系统的主要区别。

5. 域控制器是如何控制客户机进行客户机安全软件升级的?

三、制订工作计划

了解相关准备知识后，明确实施本任务的基本步骤，自行设计表格，制订小组工作计划。

学习活动 2　实 施 作 业

学习目标

1. 能通过正规渠道获取安全软件的离线升级包。
2. 能正确安装使用域控制器。
3. 能将客户机加入到域中。
4. 能编写启动脚本并在域控制器上进行组策略设置。
5. 能使用域控制器实现离线升级包的推送。

建议学时：6 学时

学习过程

一、准备离线升级包

利用前面任务所学技能，从正规渠道获取防火墙和杀毒软件离线升级包。简要记录操作过程中的要点。

二、安装域控制器

1. 在安装了 Windows Server 2008 操作系统的计算机上，运行“开始”菜单中的“服务器管理器”命令，激活服务器管理器。在左侧选择“角色”一项，单击右部区域中＿＿＿＿＿＿＿＿＿＿，在下图中选择“Active Directory 域服务”，单击“下一步”按钮继续。

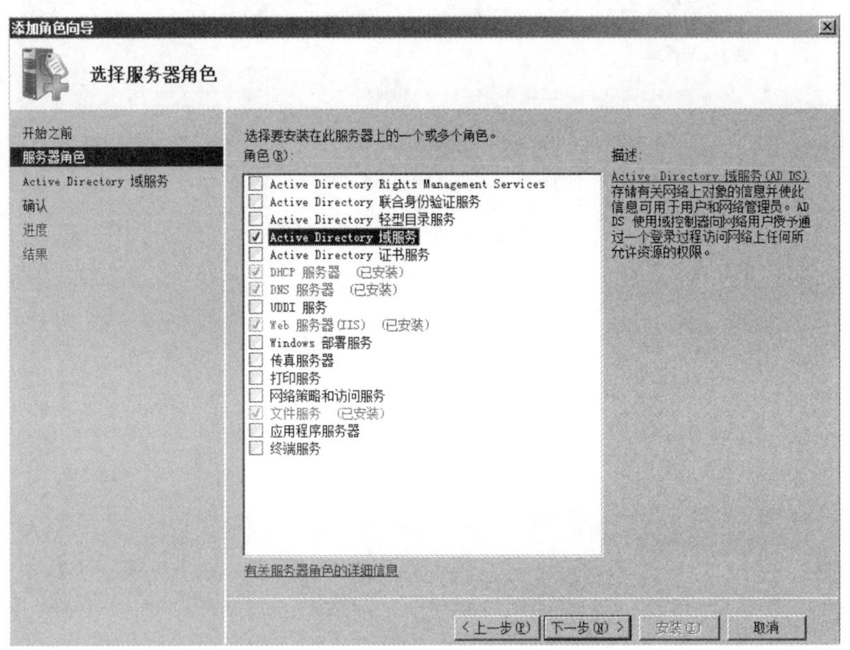

2. 窗口中出现针对域服务的相关介绍，注意阅读，了解其含义，然后单击“下一步”按钮。

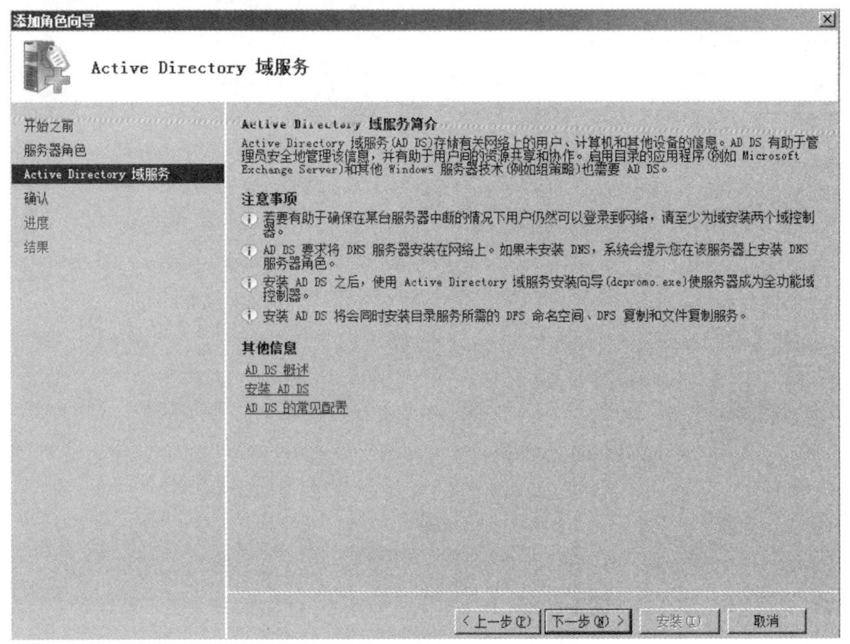

3. 窗口中出现显示了安装域服务的相关信息，确认无误后单击“安装”按钮。

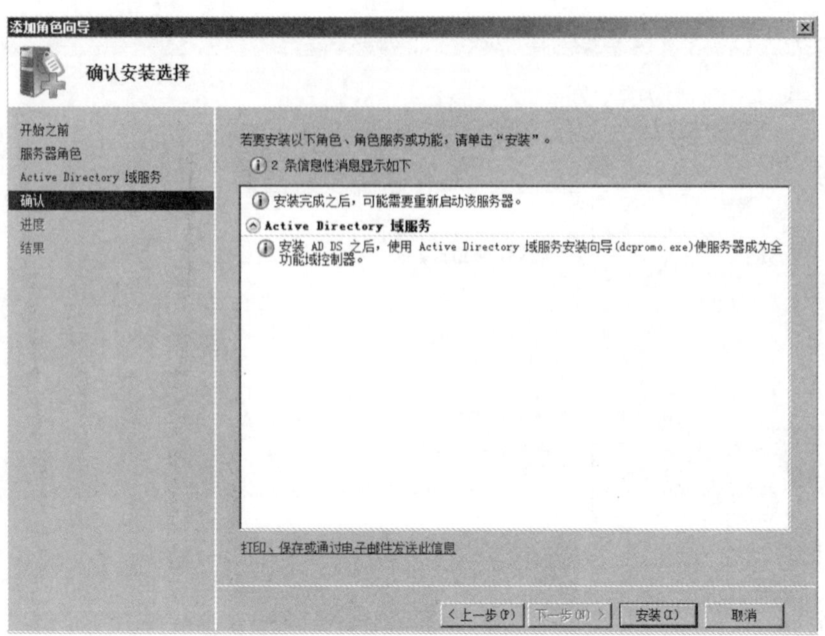

4. 域服务安装完成之后，可以在窗口中查看到当前计算机已经安装了“Active Directory 域服务”，单击“关闭”按钮退出添加角色向导窗口。

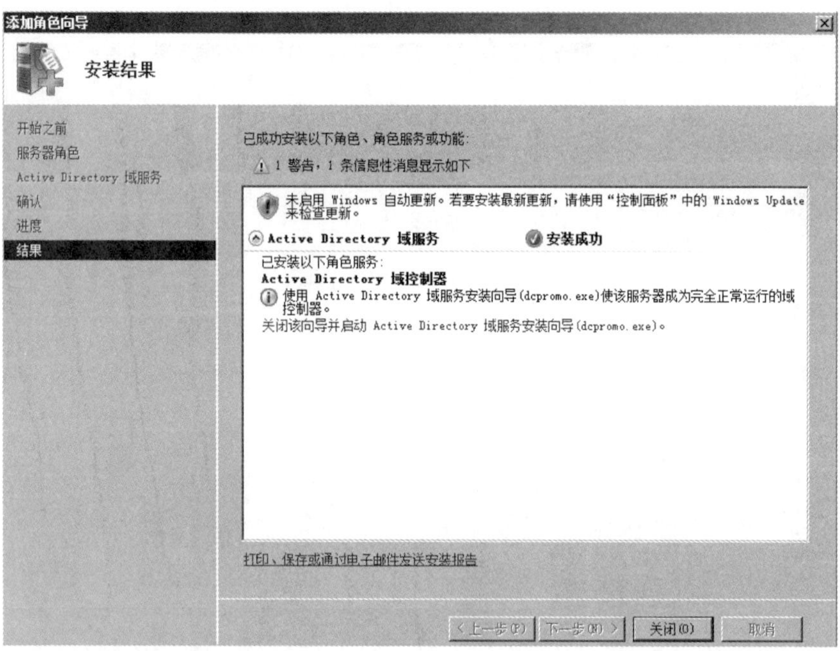

5. 返回服务器管理器窗口，在下图界面中可以看到服务已经安装成功，但是还没有将当前服务器作为域控制器运行，因此，需单击蓝色的____________________链接来继续安装。

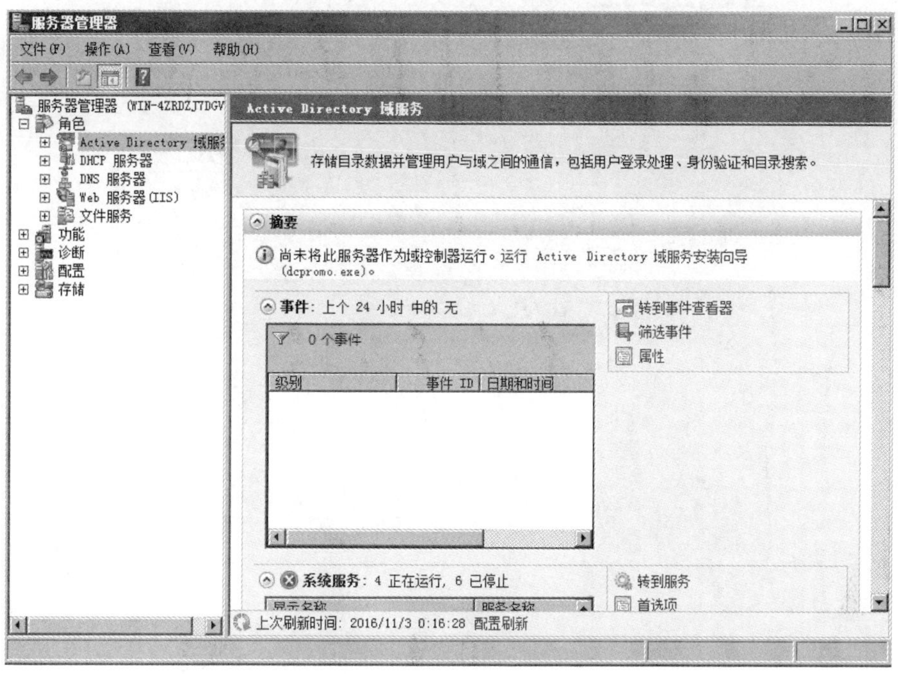

6. 在下图所示对话框中，勾选“使用高级模式安装”，可以对域服务器更多的细节进行设置。

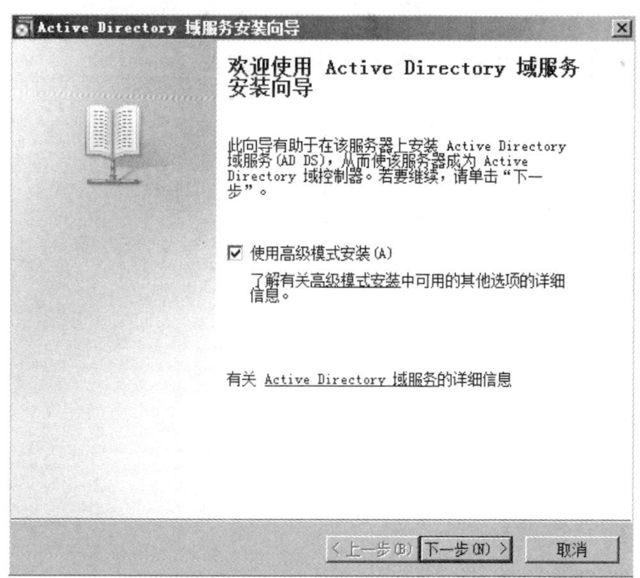

7. 进入下图所示对话框，提示可能存在兼容性问题，根据提示判断本任务所涉及计算机的操作系统是否存在兼容性问题，记录下来，然后单击“下一步”按钮继续。

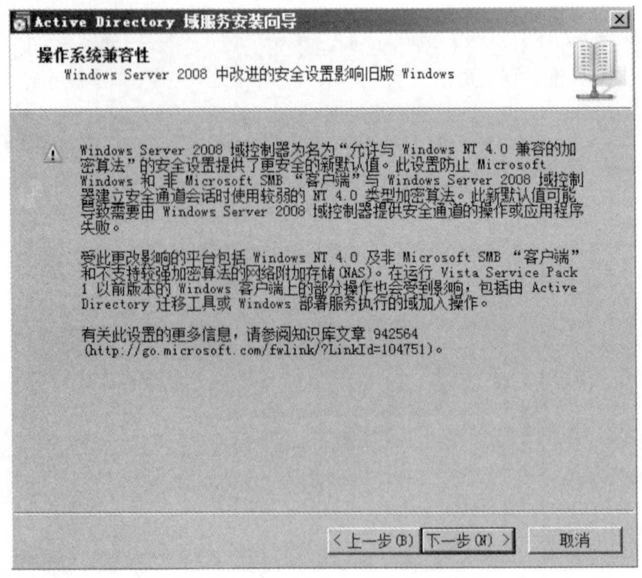

8. 在下图所示对话框中选择________________________，单击“下一步”按钮继续。配置中涉及了“林”的概念，查阅资料，了解其含义并简要记录下来。

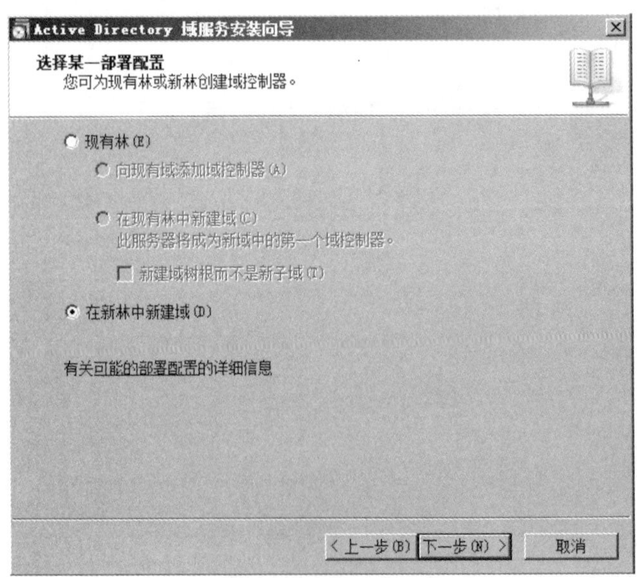

9. 在下图所示对话框中输入新目录林根级域的域名，如 test. com，本任务中设定的 FQDN 是____________________。

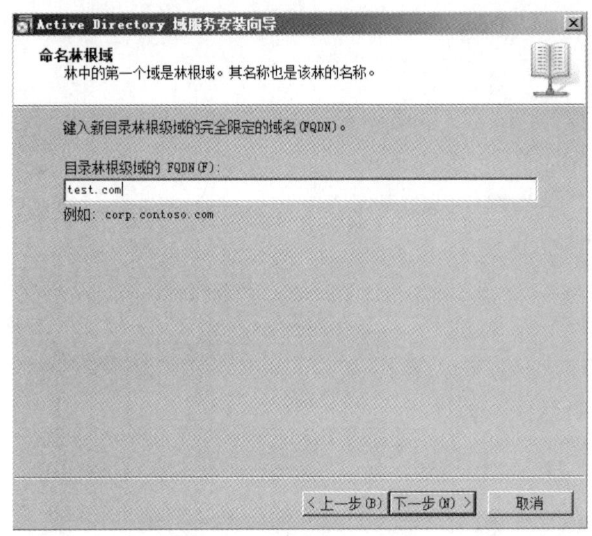

10. 在下图所示对话框中，系统会出现默认的 NetBIOS 名称，可根据需要更改，然后单击“下一步”按钮继续。本任务中域 NetBIOS 名称为____________________。

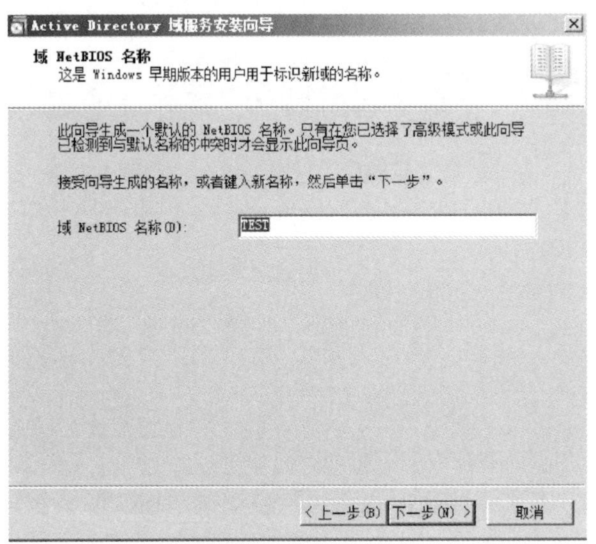

11. 考虑本任务网络中所涉及计算机是否有使用低版本 Windows 操作系统的，然后根据实际情况选择林功能级别，此处选择____________________。

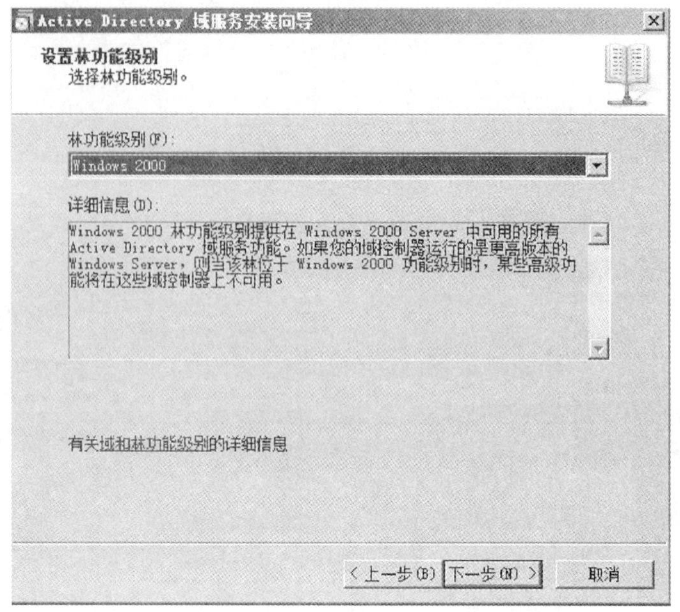

12. 在下图所示对话框中选择______________________________，单击“下一步”按钮继续。

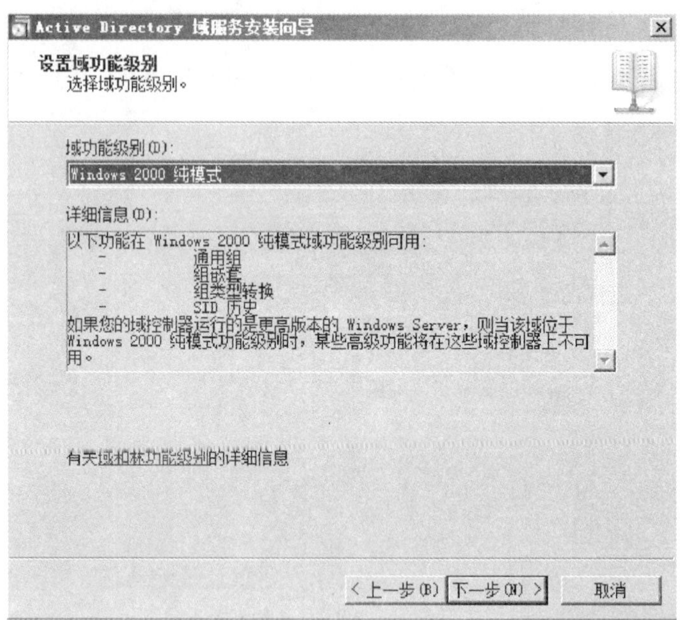

13. 服务器如果还没有安装 DNS 服务，可以勾选“DNS 服务器”来一并安装。查阅资料，简要说明 DNS 服务器的作用。本任务配置的 DNS 服务器地址为____。

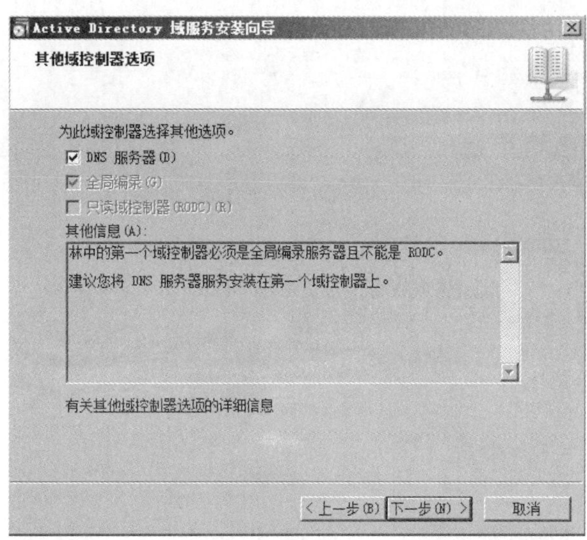

14. 在弹出的如下对话框中单击“是”按钮，系统将自动创建 DNS 与域的集成。

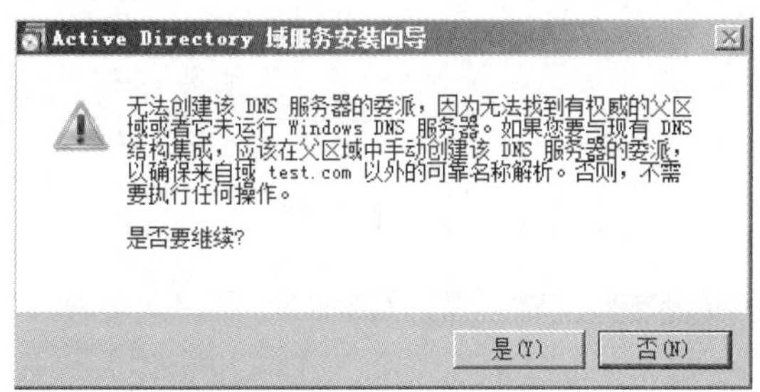

15. 在下图所示对话框中设置数据库、日志文件和 SYSVOL 文件夹的存放位置，通常保持默认即可。如有改动，记录下来。

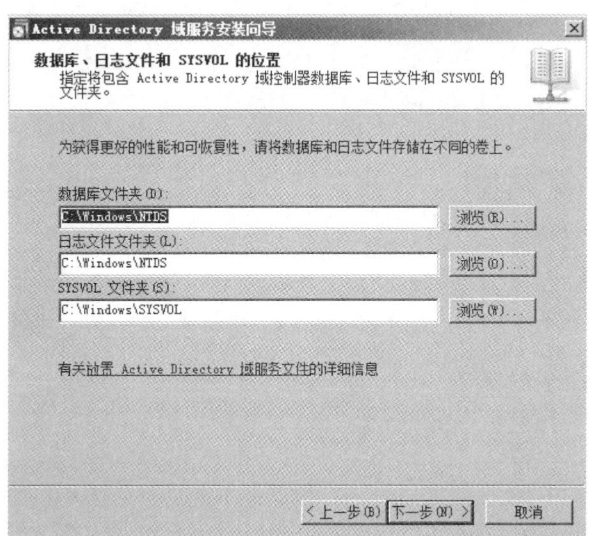

16. 在下图所示对话框中输入两次完全一致的密码，用以创建目录服务还原模式 Administrator 账户的密码，完成后单击“下一步”按钮。

17. 在下图所示对话框中可以查看上述的配置信息，单击“下一步”按钮继续。

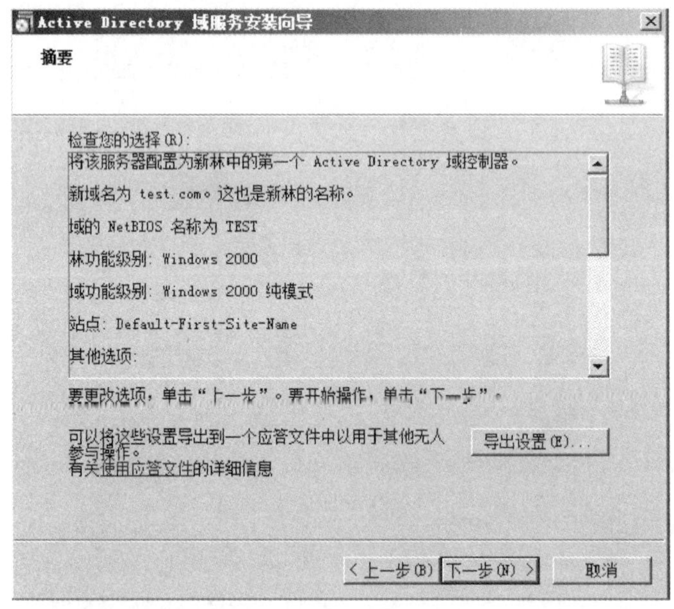

18. 安装向导将自动进行活动目录的安装与配置，根据需要，选择是否勾选“完成后重新启动”。

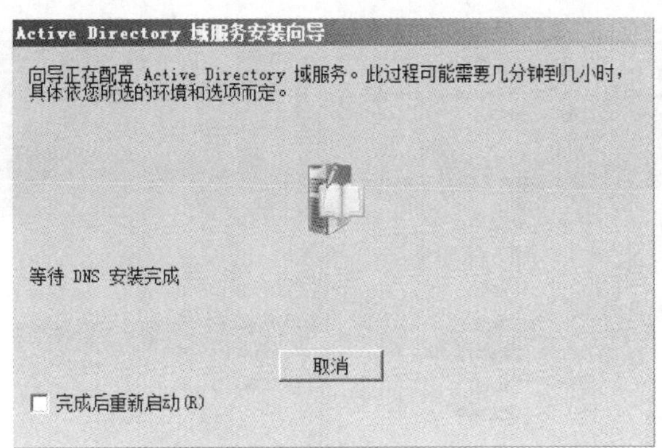

19. 单击“完成”按钮，计算机会自动重启，至此，域已经安装完成。

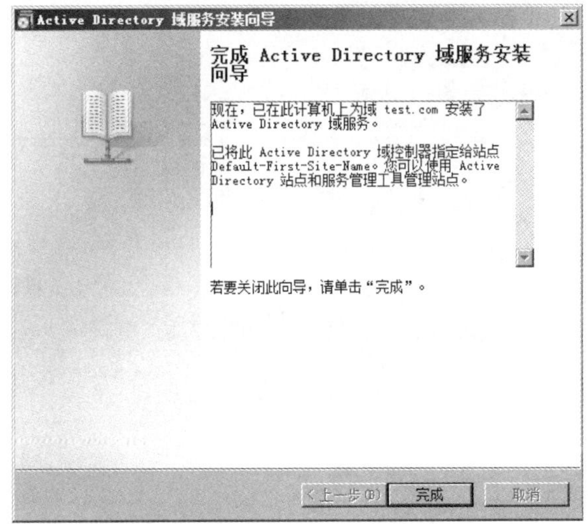

小提示

在安装域控制器之前，建议将网络适配器的 IP 地址改为静态获取，并在网络协议中取消 IPv6 的绑定。

三、将客户机加入域中

1. 将客户机的 DNS 服务器地址设置为域控制器的 IP 地址。

2. 对于使用 Windows 7 操作系统的计算机，右键单击“计算机”，在“计算机名称、域和工作组设置”中，单击____________________，进行域的设置。

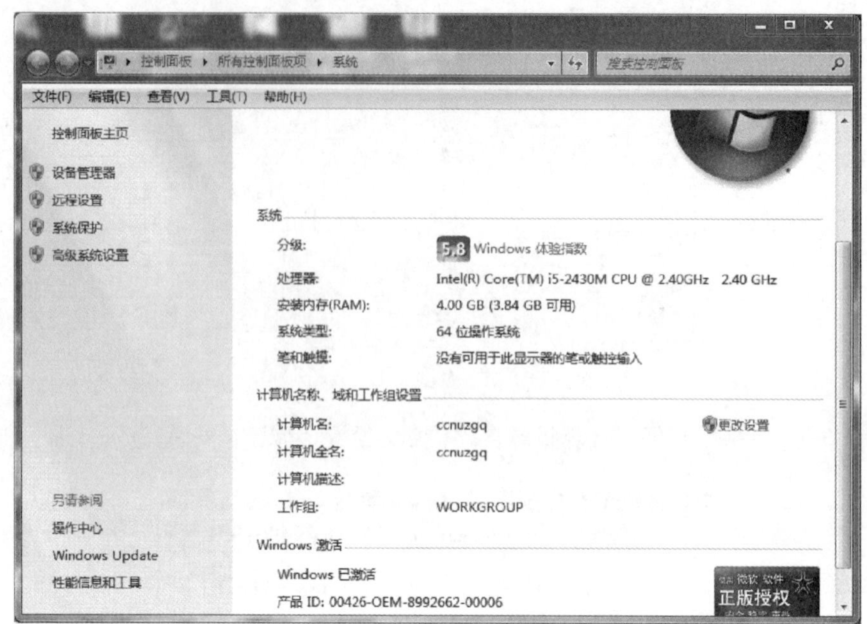

3. 进入“系统属性”标签，在“计算机名”选项卡下，单击________，进行域的更改。

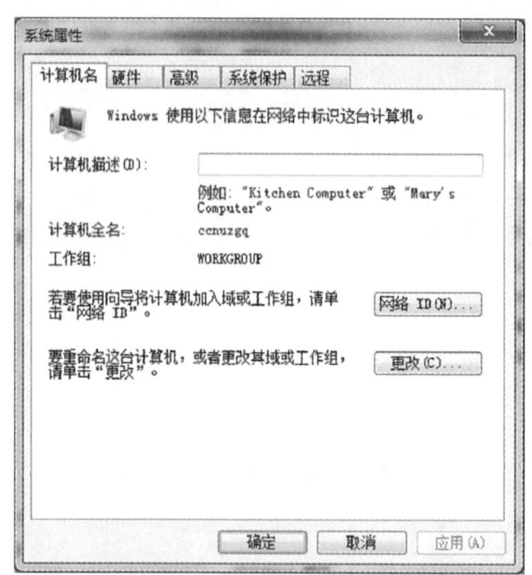

4. 在下图所示“计算机名/域更改”对话框，选择“隶属于”区域的“域”一项，在文本框中输入域名，本任务中域名是________________。

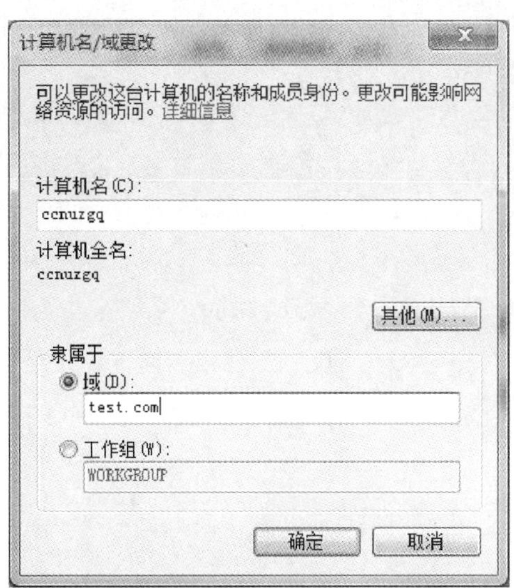

5．客户机将通过 DNS 查询是否有上述域名的域控制器存在，连接成功后，需要输入域用户名和密码进行身份验证。

6．验证正确后，会弹出如下对话框。

四、通过域控制器推送离线升级包至客户机

Windows Server 2008 操作系统可以通过组策略对域中的计算机实现将 . msi 格式软件程序派发后自动运行，但对于 . exe 格式的软件则无法实现。

对于此问题，可以通过组策略设置运行启动脚本，受控主机通过启动脚本实现下载程序包并自动运行 . exe 格式的软件程序。

1. 编写启动脚本

开机启动脚本具体编写代码如下：

```
@ echo off
#本行以及以下各行,隐藏命令输入,只显示命令执行结果
md c:\lansecs_temp     #在本地创建临时文件夹
ping -n 2 127.1 >c:\lansecs_temp\null     #间隔时间 2 秒。该命令用于设置时间间隔,无其他意义,下同
echo 内网安全软件更新维护中…… #显示信息,下同
echo 请勿关闭此对话框。
ping -n 2 127.1 >c:\lansecs_temp\null
net use X:  \\192.168.20.100\share 123@ abc  /user:administrator  /persistent:yes
#192.168.20.100 为服务器 IP 地址,administrator 为共享用户名,123@ abc 为共享密码
ping -n 4 127.1 >c:\lansecs_temp\null
copy \\192.168.20.100\share\test.exe c:\lansecs_temp >c:\lansecs_temp\null  #拷贝升级包至客户机本地目录
ping -n 4 127.1 >c:\lansecs_temp\null
echo 请耐心等待,更新时间约 2 分钟……
start c:\lansecs_temp\test.exe     #执行 test.exe 程序
ping -n 2 127.1 >c:\lansecs_temp\null
net use \\192.168.20.100 /delete     #断开网络共享文件夹的连接
ping -n 50 127.1 >c:\lansecs_temp\null
exit     #退出
```

将上述代码写入记事本中，另存为 . bat 格式的批处理文件（本例中采用文件名为“2. bat”）。在服务器上新建一个共享文件夹（本例中采用文件夹名为“share”），将离线升级包存入该文件夹中。

参照以上代码，根据本任务的实际情况改写相关地址和参数，将修改内容记录下来。

2. 在安装了域控制器的服务器上单击“开始”菜单下“管理工具”中的“组策略管理”进入组策略管理界面。

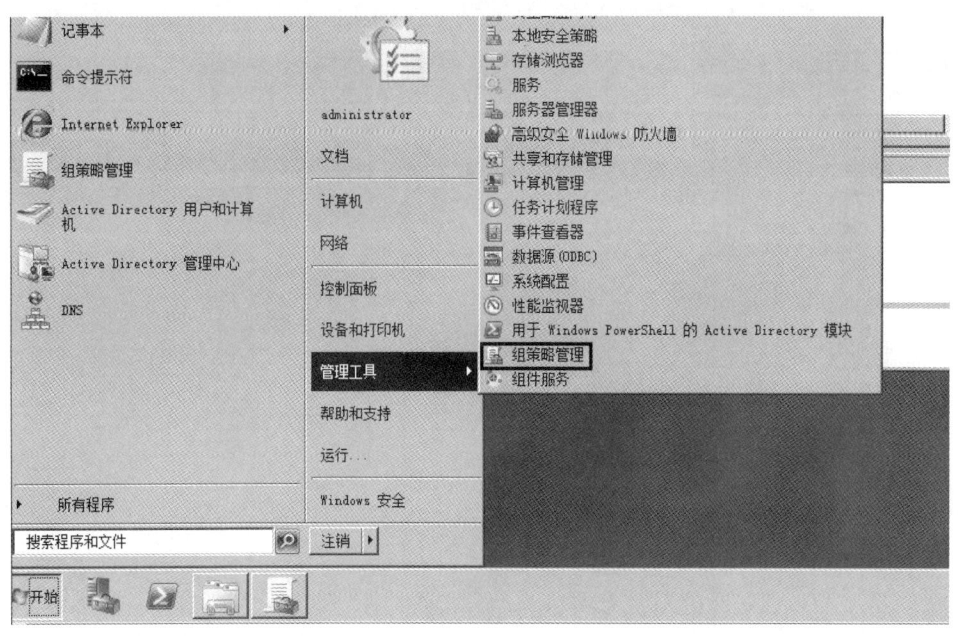

3. 在组策略管理界面右键单击“Default Domain Policy”，选择____________，进入组策略管理编辑器，单击“策略”下的“Windows 设置”，选择“脚本（启动/关机）”选项。

4. 双击“启动”，进入编辑启动属性界面。

5. 在“启动 属性”对话框，单击“显示文件”按钮，将步骤1中的脚本放入弹出的文件夹中。

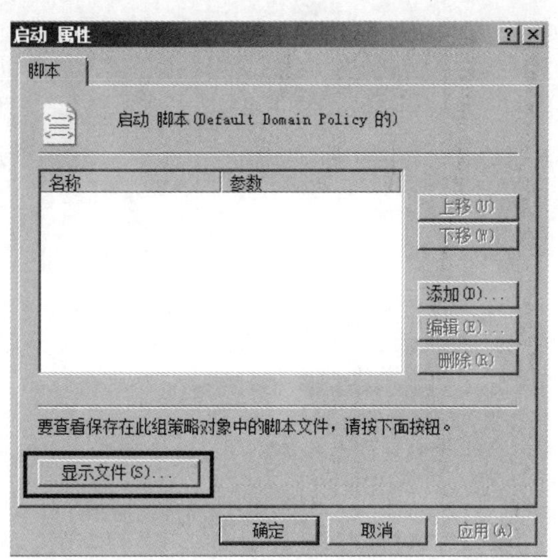

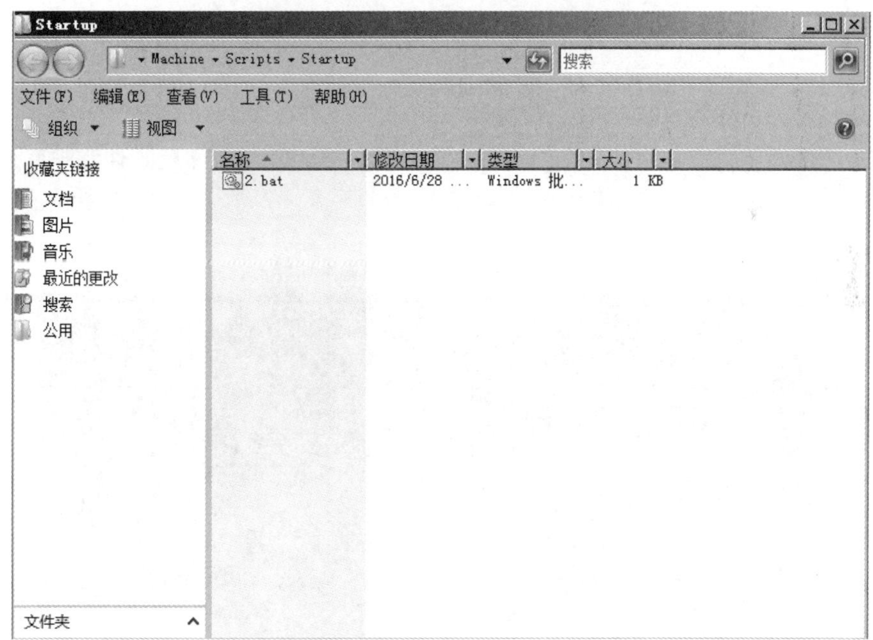

6. 回到“启动 属性”对话框，单击＿＿＿＿＿＿，在“添加脚本”对话框中，单击“浏览”，选择脚本文件，单击“确定”按钮，将脚本添加到启动脚本中。

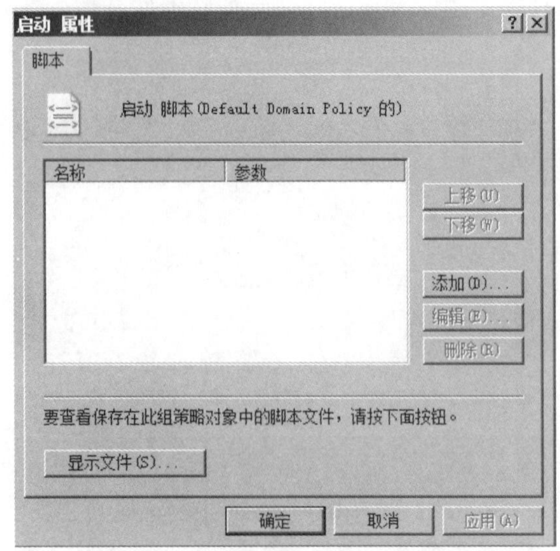

7. 在命令提示符窗口中输入命令 “gpupdate /force”，刷新组策略。注意观察系统显示内容。

8. 回到客户机上，同样在命令提示符下运行 “gpupdate /force”。注意观察系统显示内容。

9. 至此，服务器与客户机均设置完成，在客户机重新启动后，就可以自动执行脚本，将离线升级包从服务器共享文件夹中拷贝到本地，并自动进行安装了。

小提示

在服务器和客户机上设置上述应用后，每次客户机开机的时候，均会自动运行脚本，所以当客户机完成安装离线升级包后，应将开机启动脚本删除，避免重复安装的情况发生。

五、记录所遇问题及解决方法

在安装过程中遇到了哪些问题？如何解决的？在下表中记录下来。

所遇问题	解决方法

学习活动 3　自检及交付验收

学习目标

1. 能按工作流程对任务成果进行检查。
2. 能按工作流程完成交付验收。

建议学时：2 学时

学习过程

一、自检

逐一检查客户机上的防火墙和杀毒软件是否已更新到最新版本，如有未更新的，检查原因并处理，自行设计表格将自检过程记录下来。

二、交付验收

1. 任务完成后，需要向客户做好交付工作，写出交付工作时的交接内容和需注意的事项。

2. 采用角色扮演形式，模拟交付验收的过程，撰写交付验收报告，设计交接工作相关的记录文档。

三、总结评价

按照“客观、公正和公平”原则，在教师的指导下按自我评价、小组评价和教师评价三种方式对自己和他人在本学习任务中的表现进行综合评价。

考核评价表

班级		学号			姓名		
评价项目	评价标准	评价方式			权重	得分小计	总分
		自我评价	小组评价	教师评价			
职业素养与关键能力	1. 遵守管理规定及课堂纪律 2. 学习积极主动、勤学好问 3. 具有团队合作精神				30%		
专业能力	1. 能描述安全软件维护的常见手段 2. 能安装域控制器 3. 能利用域控制器进行安全软件的升级				70%		
综合等级		指导教师签名			日期		

填写说明：

1. 各项评价采用 10 分制，根据符合评价标准的程度打分。

2. 得分小计按以下公式计算：

得分小计 =（自我评价 ×20% + 小组评价 ×30% + 教师评价 ×50%）×权重

3. 综合等级按 A（9≤总分≤10）、B（7.5≤总分 <9）、C（6≤总分 <7.5）、D（总分 <6）四个级别填写。

学习任务四　办公外围设备的安装

学习目标

1. 能通过与客户的专业沟通明确工作任务，并准确概括、复述任务内容及要求。
2. 能合理制订工作计划。
3. 能列举常用办公外围设备的类型及主要产品。
4. 能描述驱动程序的功能。
5. 能正确完成常用办公外围设备的安装接线。
6. 能正确获取并安装常用办公外围设备的驱动程序。
7. 能实现常用办公外围设备的共享。
8. 能使用常用办公外围设备的打印、扫描等基本功能。
9. 能按工作流程对任务成果进行检查并交付验收。

建议学时

6 学时

工作情境描述

某学校电子阅览室新购置一台彩色喷墨打印机、一台扫描仪和一台绘图仪，需将新设备共享至 10 台公用台式计算机上。现要求网络管理员完成设备接线及驱动程序安装和设备共享。

工作流程与活动

学习活动 1　明确任务和制订计划

学习活动 2　实施作业

学习活动 3　自检及交付验收

学习活动 1　明确任务和制订计划

学习目标

1. 能通过与客户的专业沟通明确工作任务，并准确概括、复述任务内容及要求。

2. 能列举常用的办公外围设备类型及主要产品。

3. 能描述驱动程序的功能。

4. 能合理制订工作计划。

建议学时：2 学时

学习过程

一、明确工作任务

根据工作情境描述，模拟实际场景进行沟通交流练习，写出本任务客户需求的要点。

二、认识常用的办公外围设备

1. 除工作情境描述中所提及的以外，常用的办公外围设备还有哪些？通过实地走访、市场调研或互联网检索等形式，了解常用办公外围设备的类型、功能、主要品牌等信息，自行设计表格或以其他形式记录下来。

2. 对于较为简单的外围设备，通常按照说明书提示操作即可完成安装，而较为专业的设备则常由专业技术人员来进行安装。除了设备本身的组装，还需要将设备与计算机进行连接从而实现相互通信，最为常用的方式是通过线缆连接。查询资料并观察外围设备、计算机等实物，线缆常用的接口形式有哪些？常用于哪些设备？

3. 除了通过线缆连接，目前新型的办公外围设备与计算机的连接方式还有哪些？

三、认识驱动程序

1. 外围设备完成自身的组装和与计算机的连接之后就可以使用了么？还需要做什么工作？

2. 驱动程序的作用是什么？如果没有正确安装驱动程序，会出现什么问题？

3. 计算机的操作系统安装完成后，可以发现有些硬件不需要单独安装驱动程序就能正常使用。查看当前所装办公外围设备，属于这类情况的有哪些？查看一台新装好操作系统的计算机或查询资料，还有哪些硬件不需单独安装驱动程序就能使用？在下面表格中记录下来。通过资料查询和讨论，简述这些硬件不需要单独安装驱动程序就能正常使用的原因。

计算机操作系统版本：________________

硬件设备名称	型号	是否单独安装驱动	能否正常使用

续表

硬件设备名称	型号	是否单独安装驱动	能否正常使用

4. 硬件的驱动程序可以从哪些途径获得？参照前面任务的学习，对驱动程序的获取途径按照是否常用进行排序。

5. 常见的驱动程序有哪些安装方式？结合实例说明。

6. 以从设备厂家官方网站获取 HP Deskjet 4625 打印机适用于 Windows 7 操作系统 32 位旗舰版的驱动程序为例，实际操作练习，并简要记录操作过程。

7. 上述驱动程序的获取方式中，哪一种是最准确的？哪一种是最便捷的？如果在官方网站上找不到配套驱动程序，应如何处理？

四、制订工作计划

了解相关准备知识后，明确实施本任务的基本步骤，自行设计表格，制订小组工作计划。

学习活动 2 实 施 作 业

学习目标

1. 能正确完成常用办公外围设备的安装接线。

2. 能正确获取并安装常用办公外围设备的驱动程序。

3. 能实现常用办公外围设备的共享。

4. 能使用常用办公外围设备的打印、扫描等基本功能。

建议学时：3 学时

学习过程

一、完成设备的安装和接线

1. 安装办公外围设备，首先应考虑它的摆放位置，既要考虑使用的便捷，也要考虑线缆连接的简洁，还要考虑设备本身的安全保护，包括避免日晒、跌落、磕碰等。查阅资料，了解相关知识，设计本任务所涉及设备的摆放位置，画草图记录，并简述理由。

2. 本任务涉及的办公外围设备都比较简单，按照说明书操作即可自行完成安装。如说明书遗失，可如何查询相关信息？阅读说明书或通过互联网检索，明确操作步骤，了解操作中的注意事项，简要记录下来。

3. 本任务涉及的办公外围设备与计算机的连接方式是什么？接口类型是什么？

二、安装驱动程序

1. 打印机驱动程序的安装

下面以 HP Deskjet 4625 多功能一体机 Windows 7（32-bit）版本驱动程序的安装为例，说明驱动程序的安装步骤。结合本任务实际安装设备的产品说明书等技术资料，完成设备驱动程序的安装。

（1）运行下载好的打印机驱动程序，此例中为 . exe 格式的自解压压缩包。

（2）对话框显示正在抽取文件的进度，完成后将自动运行安装程序。

（3）根据需要勾选厂商推荐的辅助软件，单击“下一步”按钮继续。记录勾选了哪些辅助软件，并简述其功能用途。

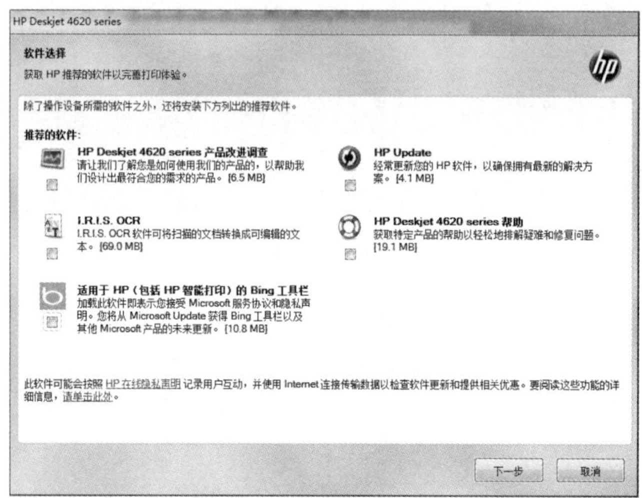

（4）阅读安装协议，单击“下一步”按钮继续。

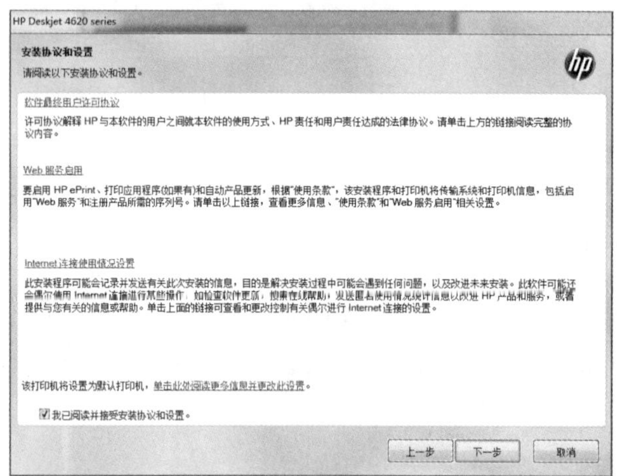

（5）等待程序完成安装。

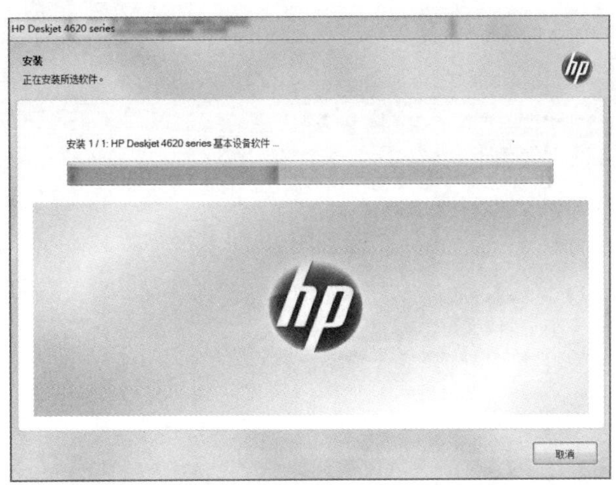

（6）选择打印机与计算机的连接方式，本例中选择 USB 方式。若采用无线连接，需要哪些条件？查看产品说明，将操作要点记录下来。

（7）单击“完成”按钮完成安装。

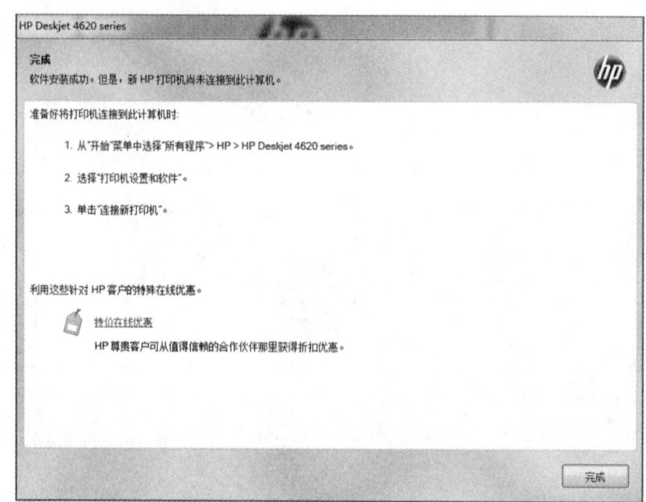

（8）根据提示打印测试页，确认驱动安装成功。

（9）如果要升级打印机驱动，有哪些方式？最便捷的方式是哪种？

2. 扫描仪驱动程序的安装

下面以 HP Scanjet Enterprise Flow 7500 扫描仪 Windows 7（32-bit）版本驱动程序的安装为例，说明驱动程序的安装步骤。结合本任务实际安装设备的产品说明书等技术资料，完成设备驱动程序的安装。

（1）运行下载好的扫描仪驱动程序。

（2）程序启动后，进入安装向导，单击“下一步”按钮继续。

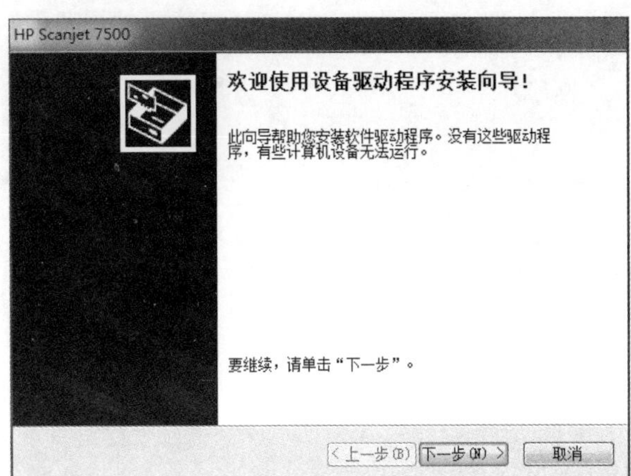

（3）驱动程序自动进行安装，等待安装结束。

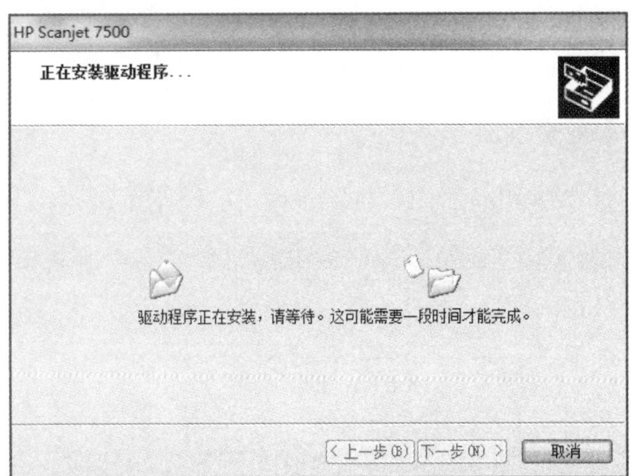

（4）安装完成。

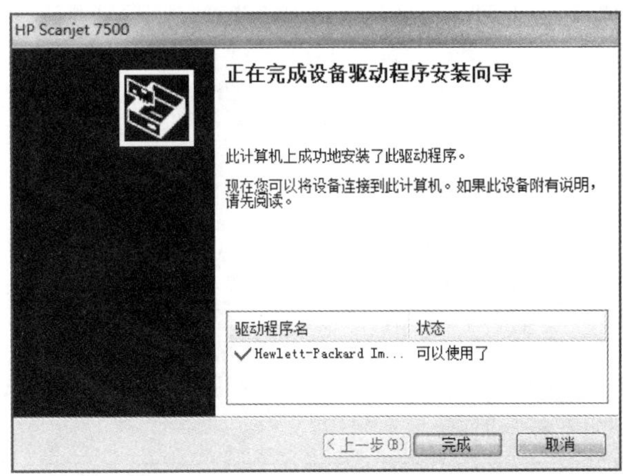

（5）扫描测试页，确认驱动安装成功。

（6）如果要升级扫描仪驱动，有哪些方式？最便捷的方式是哪种？

3. 绘图仪驱动程序的安装

下面以佳能 Oce ColorWave 650 绘图仪 Windows 7（32-bit）版本驱动程序的安装为例，说明驱动程序的安装步骤。结合本任务实际安装设备的产品说明书等技术资料，完成设备驱动程序的安装。

（1）运行下载好的驱动程序，进入安装向导界面。

（2）阅读和接受安装协议。

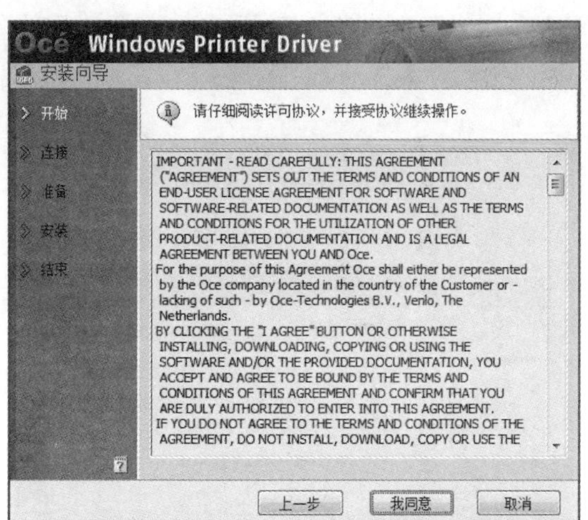

（3）选择安装模式，如无特别需要，一般选择“快速安装”即可。查看自定义安装选项，安装程序支持哪些方面的自定义设置？

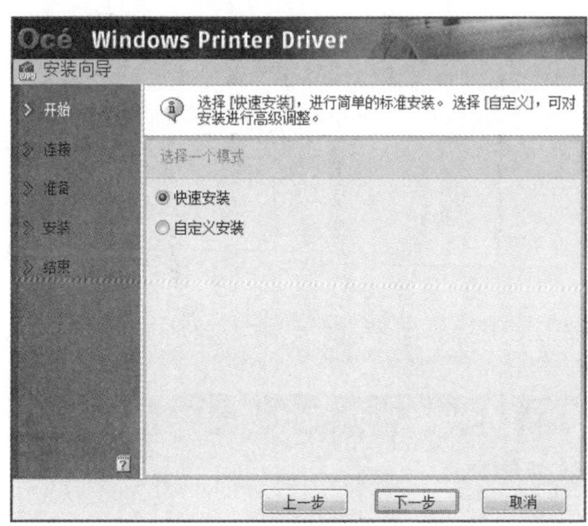

（4）选择绘图仪对象（即安装程序中的“打印机”），对于本地连接的绘图仪，应选择“尚未连接打印机”。“输入打印机的主机名称或 IP 地址”选项在什么情况下使用？如何填写？

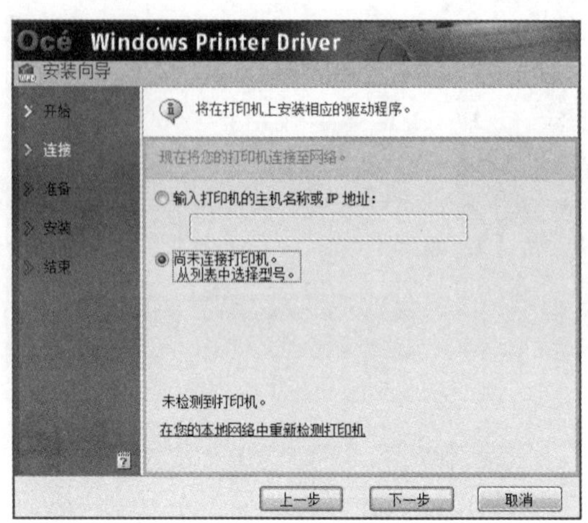

（5）在列表中正确选择绘图仪的型号，本例中选择 Oce ColorWave 650。

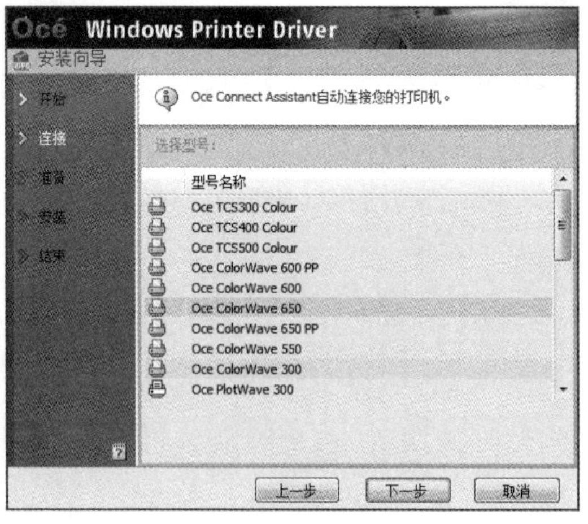

（6）确定打印机名称以及是否与其他用户共享，本例中共享选项选择“是”。

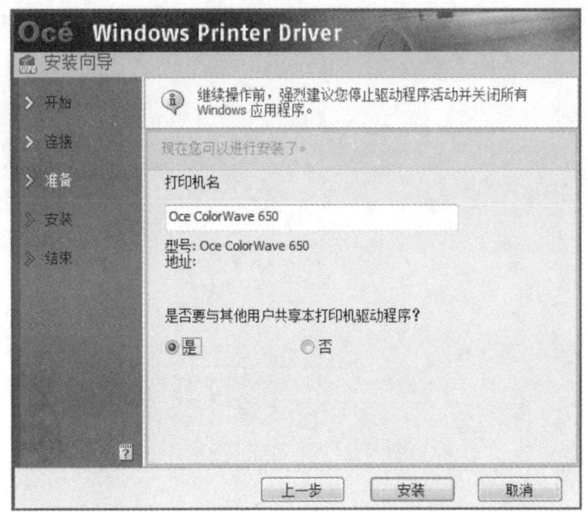

(7) 单击“安装”按钮，驱动程序开始自动安装。

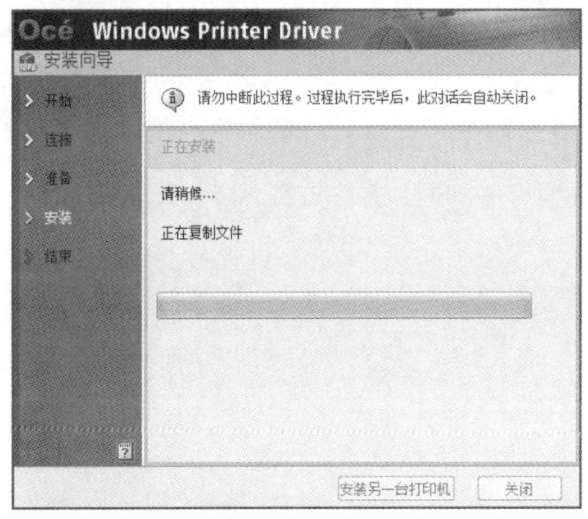

(8) 安装完成后，打印测试页，测试是否安装成功。

(9) 如果要升级绘图仪驱动，有哪些方式？最便捷的方式是哪种？

三、共享办公外围设备

在一般的办公场所，打印机等设备通常无法做到每台计算机配备一台，既成本高，也不必要。在日常使用中，通常都是若干计算机共用一台设备，这就需要对设备进行共享设置。

1. 查询资料或通过互联网检索，以普通打印机为例，说明设备在什么情况下可以共享、如何进行设置、应注意哪些问题，并完成实际操作。

2. 普通打印机需要连接到一台计算机上，通过这台计算机实现共享，一旦这台计算机关机，设备便无法使用。目前，市场上开始流行一类称为网络打印机的设备，网络打印机作为一台独立终端，可直接接入互联网共享给所有用户使用。查阅资料，了解网络打印机的功能和使用方法，将操作要点和其与普通打印机的区别记录下来。

3. 除打印机外，本任务安装的其他办公外围设备能否实现共享？如何操作？将要点记录下来，并完成实际操作。

四、测试办公外围设备

安装完成后，仔细阅读产品使用说明书和相关技术资料，学习设备的基本使用方法，进行简单的打印、扫描等操作，测试设备能否正常使用。将设备使用中的重要注意事项记录下来。

五、记录所遇问题及解决方法

1. 如经测试设备不能正常使用，从硬件连接到驱动安装，逐一检查，解决问题。将问题现象、检查的基本思路、解决方法记录下来。

问题现象	检查思路	解决方法

2. 在安装配置过程中还遇到了哪些问题？如何解决的？在下表中记录下来。

所遇问题	解决方法

学习活动3　自检及交付验收

学习目标

1. 能按工作流程对任务成果进行检查。
2. 能按工作流程完成交付验收。

建议学时：1学时

学习过程

一、调试和自检

1. 喷墨打印机、扫描仪、绘图仪各采用什么方法进行调试？

2. 写下三种外设在调试环节中遇到的问题和解决方法。

二、交付验收

1. 任务完成后，需要向客户做好交付工作，写出交付工作时的交接内容和需注意的事项。

2. 采用角色扮演形式，模拟交付验收的过程，撰写交付验收报告，设计交接工作相关的记录文档。

三、总结评价

按照“客观、公正和公平”原则，在教师的指导下按自我评价、小组评价和教师评价三种方式对自己和他人在本学习任务中的表现进行综合评价。

考核评价表

<table>
<tr><td>班级</td><td></td><td>学号</td><td colspan="2"></td><td>姓名</td><td colspan="3"></td></tr>
<tr><td rowspan="2">评价
项目</td><td rowspan="2" colspan="2">评价标准</td><td colspan="3">评价方式</td><td rowspan="2">权重</td><td rowspan="2">得分
小计</td><td rowspan="2">总分</td></tr>
<tr><td>自我
评价</td><td>小组
评价</td><td>教师
评价</td></tr>
<tr><td>职业素养
与关键
能力</td><td colspan="2">1. 遵守管理规定及课堂纪律
2. 学习积极主动、勤学好问
3. 具有团队合作精神</td><td></td><td></td><td></td><td>30%</td><td></td><td rowspan="2"></td></tr>
<tr><td>专业
能力</td><td colspan="2">1. 能完成常用办公外围设备的安装接线
2. 能正确获取并安装常用办公外围设备的驱动程序
3. 能实现常用办公外围设备的共享
4. 能使用常用办公外围设备的打印、扫描等基本功能</td><td></td><td></td><td></td><td>70%</td><td></td></tr>
<tr><td>综合等级</td><td></td><td>指导教师签名</td><td colspan="2"></td><td colspan="2">日期</td><td colspan="2"></td></tr>
</table>

填写说明：

1. 各项评价采用10分制，根据符合评价标准的程度打分。

2. 得分小计按以下公式计算：

得分小计 =（自我评价 ×20% + 小组评价 ×30% + 教师评价 ×50%）×权重

3. 综合等级按A（9≤总分≤10）、B（7.5≤总分<9）、C（6≤总分<7.5）、D（总分<6）四个级别填写。

学习任务五　办公外围设备的维护

学习目标

1. 能通过与客户的专业沟通明确工作任务，并准确概括、复述任务内容及要求。
2. 能合理制订工作计划。
3. 能正确使用打印机、扫描仪、激光数码复合机等办公外围设备。
4. 能完成打印机、扫描仪、激光数码复合机等办公外围设备的维护工作。
5. 能排除打印机、扫描仪、激光数码复合机等办公外围设备的简单故障。
6. 能按工作流程对任务成果进行检查并交付验收。

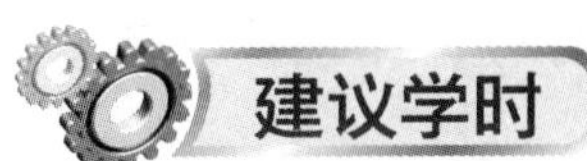

建议学时

20 学时

工作情境描述

某单位有针式打印机、彩色喷墨打印机、激光打印机、扫描仪和激光数码复合机等办公外围设备。由于使用时间较长，部分设备在使用中出现故障。如近期复合机打印时经常卡纸，打印稿深浅交替，伴有“吱吱”声；彩色喷墨打印机使用时，纸上常有墨点、墨痕。经业务主管初步诊断，或因碳粉不足、喷墨头堵塞及自然损耗等问题造成。现要求网络管理员对以上设备进行维护，并排除故障。

工作流程与活动

学习活动 1　明确任务和制订计划

学习活动 2　实施作业

学习活动 3　自检及交付验收

学习活动1　明确任务和制订计划

学习目标

1. 能通过与客户的专业沟通明确工作任务，并准确概括、复述任务内容及要求。

2. 能描述激光数码复合机的基本功能。

3. 能确定待维护设备的基本信息，粗略评价其性能水平。

4. 能合理制订工作计划。

建议学时：3学时

学习过程

一、明确工作任务

根据工作情境描述，模拟实际场景进行沟通交流练习，写出本任务客户需求的要点。

二、认识激光数码复合机

在上一任务中，主要认识了打印机、扫描仪、绘图仪等单一功能的办公外围设备，随着技术的发展，单一设备的功能越强大，传统的复印机仅具有复印一项功能，而现在则出现了融打印、复印、扫描、传真等多种功能于一身的激光数码复合机。

激光数码复合机以复印功能为基础，增加打印、扫描、传真等功能，采用数码原理，以激光打印的方式进行文件输出，可以根据需要对图像、文字进行编辑操作，拥有较大容量纸盘，内存高，硬盘大，具有强大的网络支持和多任务并行处理能力，能够满足用户的大任务量工作需要，并可以将大量数据保存下来。

1. 通过市场调研或互联网检索，列举几种主流的激光数码复合机品牌型号，并简述其功能特点。

2. 查阅相关资料，回答以下问题：

（1）什么是复印?

（2）复印的基本工作原理是什么?

（3）简述复印功能的基本用法及使用中的注意事项。

3. 查阅相关资料，回答以下问题：

（1）什么是传真？

（2）传真的基本工作原理是什么？

（3）使用传真功能应具备哪些条件？

（4）简述传真功能的基本用法及使用中的注意事项。

三、了解待维护设备的基本信息

1. 了解针式打印机、彩色喷墨打印机、激光打印机、扫描仪和激光数码复合机等待维护办公外围设备的品牌、型号、使用年限等基本信息，并和当前主流品牌型号的功能进行比较，简要评估其性能水平。

2．查找产品说明书等技术资料，了解产品的性能特点和使用方法，如已找不到产品说明书原件，应如何处理？将过程简要记录下来。

四、制订工作计划

初步规划设备维护任务的工作流程，明确实施本任务的基本步骤，自行设计表格，制订小组工作计划。

学习活动2 实施作业

学习目标

1. 能正确使用打印机、扫描仪、激光数码复合机等办公外围设备。

2. 能完成打印机、扫描仪、激光数码复合机等办公外围设备的维护工作。

3. 能排除打印机、扫描仪、激光数码复合机等办公外围设备的简单故障。

建议学时：15 学时

学习过程

一、维护打印机

1. 针式打印机的维护

针式打印机的维护项目主要包括外部清洁、色带更换、打印头清洗等。

（1）对于针式打印机，应定期擦拭打印机外壳，以保证它的外观清洁，并定期清除机内的纸屑、灰尘等。擦拭外壳能否使用洗涤剂？有什么注意事项？

（2）针式打印机利用打印头内的点阵撞针去撞击打印色带，在打印纸上产生打印效果，色带的质量好坏将直接影响打印效果甚至打印头的寿命，因此应选用高质量的色带。色带的质量如何判别?

（3）查阅资料，了解本任务维护的针式打印机如何更换色带、有哪些注意事项，记录下来。

（4）简述打印头的清洗步骤和注意事项。

2. 喷墨打印机的维护

喷墨打印机的维护项目主要包括外部清洁、墨盒的更换、喷墨头的清洗等。

（1）对于喷墨打印机，应定期擦拭打印机外壳，以保证它的外观清洁，并定期清除机内的纸屑、灰尘等。擦拭外壳能否使用洗涤剂？有什么注意事项?

（2）查阅产品使用说明书等技术资料，学习墨盒的更换方法并实际操作，解决工作情境描述中的问题，简述操作中的注意事项。

（3）查阅产品使用说明书等技术资料，学习清洗喷墨头的方法并实际操作，解决工作情境描述中的问题，简述操作中的注意事项。

3．激光打印机的维护

激光打印机的维护项目主要包括清洁、更换硒鼓、更换臭氧过滤器等。

（1）对于激光打印机，应定期擦拭打印机外壳，以保证它的外观清洁，并定期清除机内的纸屑、灰尘、碳粉残留物等。擦拭外壳能否使用洗涤剂？有什么注意事项？

（2）如果打印输出上有碳粉斑点，可使用驱动程序提供的“清洁页面”功能对纸张通道进行清洁，简述操作方法。

（3）查阅产品使用说明书等技术资料，学习硒鼓的更换方法并实际操作，简述操作中的注意事项。

（4）激光打印机在打印过程中会产生臭氧，每打印五万张就必须更换臭氧过滤器，虽然此时臭氧过滤器看上去很干净，但已不能过滤臭氧了。查阅产品使用说明书等技术资料，说明不过滤臭氧会造成什么危害。学习臭氧过滤器的更换方法并实际操作，简述操作中的注意事项。

4. 打印机简单故障的处理

本任务所维护的几台打印机是否能正常工作？如存在故障，对照产品使用说明书等技术资料进行故障排除，将故障现象、故障原因、处理方法简要记录在下表中。如处理后故障仍存在或为无法自行处理的故障，则应联系厂家售后部门处理。

故障现象	故障原因	处理方法

二、维护扫描仪

1. 由于扫描仪的静电特性，灰尘和污物十分容易吸附、堆积，使光学器件、传动器件的功效受到极大的影响。如长期不清理会使内部机械部件受到磨损，扫描仪会出现扫描声响大、图像错位、图像模糊等问题，因此清洁维护工作是扫描仪保养至关重要的步骤。清洁工作主要是对扫描仪的镜头组件、机械部件进行清洁、维护，以达到保证扫描质量、延长寿命的目的。查阅资料，简要说明扫描仪清洁维护的主要工作内容和注意事项。

2. 易老化部件应定期更换，查阅资料，简述扫描仪有哪些易老化的部件。

3. 扫描仪简单故障的处理

本任务所维护的扫描仪是否能正常工作？如存在故障，对照产品使用说明书等技术资料进行故障排除，将故障现象、故障原因、处理方法简要记录在下表中。如处理后故障仍存在或为无法自行处理的故障，则应联系厂家售后部门处理。

故障现象	故障原因	处理方法

三、维护激光数码复合机

1. 激光数码复合机是在复印机的基础上，扩展了打印、扫描、传真等功能，其功能较多，结构较为复杂，应特别注意使用中的维护保养。查阅产品使用说明书及相关资料，简述激光数码复合机维护保养的主要内容。

2. 卡纸是复印过程中较为常见的故障。查阅产品使用说明书及相关资料，简要说明造成卡纸的主要原因有哪些。如发生卡纸故障，应如何处理?

3. 传真功能由于涉及通信，出现问题处理起来常常较为复杂。一般出现故障时，设备上通常会通过错误代码或错误提示来说明故障原因，用户可依照提示排除故障。查阅产品使用说明书及相关资料，了解常见的提示内容及其含义，掌握查询方法，列举几个常见故障的错误代码或错误提示。

4. 设备使用中应随时注意耗材的剩余量，墨粉量不够发出警告时应该及时更换墨粉盒，否则可能造成故障。查阅产品使用说明书及相关资料，简要说明墨粉盒选择及更换的注意事项。

5. 激光数码复合机简单故障的处理

本任务所维护的激光数码复合机是否能正常工作？如存在故障，对照产品使用说明书等技术资料进行故障排除，将故障现象、故障原因、处理方法简要记录在下表中。如处理后故障仍存在或为无法自行处理的故障，则应联系厂家售后部门处理。

故障现象	故障原因	处理方法

学习活动 3　自检及交付验收

学习目标

1. 能按工作流程对任务成果进行检查。
2. 能按工作流程完成交付验收。

建议学时：2 学时

学习过程

一、自检

测试本任务所维护办公外围设备的各项功能是否能正常工作，故障是否已排除，自行设计表格记录结果，注意应包括测试对象、测试内容、测试方法、测试结果等主要信息。

二、交付验收

1. 任务完成后，需要向客户做好交付工作，写出交付工作时的交接内容和需注意的事项。

2. 采用角色扮演形式，模拟交付验收的过程，撰写交付验收报告，设计交接工作相关的记录文档。

三、总结评价

按照“客观、公正和公平”原则，在教师的指导下按自我评价、小组评价和教师评价三种方式对自己和他人在本学习任务中的表现进行综合评价。

考核评价表

<table>
<tr><td>班级</td><td colspan="2"></td><td>学号</td><td colspan="2"></td><td>姓名</td><td colspan="3"></td></tr>
<tr><td rowspan="2">评价项目</td><td colspan="3" rowspan="2">评价标准</td><td colspan="3">评价方式</td><td rowspan="2">权重</td><td rowspan="2">得分小计</td><td rowspan="2">总分</td></tr>
<tr><td>自我评价</td><td>小组评价</td><td>教师评价</td></tr>
<tr><td>职业素养与关键能力</td><td colspan="3">1. 遵守管理规定及课堂纪律
2. 学习积极主动、勤学好问
3. 具有团队合作精神</td><td></td><td></td><td></td><td>30%</td><td></td><td rowspan="2"></td></tr>
<tr><td>专业能力</td><td colspan="3">1. 能使用常用办公外围设备的基本功能
2. 能完成常用办公外围设备的维护工作
3. 能排除常用办公外围设备的简单故障</td><td></td><td></td><td></td><td>70%</td><td></td></tr>
<tr><td>综合等级</td><td colspan="2"></td><td>指导教师签名</td><td colspan="2"></td><td colspan="2">日期</td><td colspan="2"></td></tr>
</table>

填写说明：

1. 各项评价采用 10 分制，根据符合评价标准的程度打分。

2. 得分小计按以下公式计算：

得分小计 =（自我评价 ×20% + 小组评价 ×30% + 教师评价 ×50%）×权重

3. 综合等级按 A（9≤总分≤10）、B（7.5≤总分 <9）、C（6≤总分 <7.5）、D（总分 <6）四个级别填写。

学习任务六 计算机重要文件数据恢复

学习目标

1. 能通过与客户的专业沟通明确工作任务，并准确概括、复述任务内容及要求。
2. 能合理制订工作计划。
3. 能描述数据恢复的基本原理。
4. 能正确选择、获取并安装数据恢复软件。
5. 能使用数据恢复软件完成丢失数据的恢复。
6. 能按工作流程对任务成果进行检查并交付验收。
7. 能完成重要数据的备份和还原操作。

建议学时

30 学时

工作情境描述

某用户计算机硬盘容量为 500 GB，划分为 C、D、E 三个分区，其中 C 盘 100 GB，安装了 32 位的 Windows 7 操作系统，D 盘和 E 盘各 200 GB。由于用户误操作，删除了 D 盘中数个文件，文件总大小约为 50 MB，需要网络管理员为该用户恢复数据。

工作流程与活动

学习活动 1　明确任务和制订计划

学习活动 2　实施作业

学习活动 3　自检及交付验收

学习活动1　明确任务和制订计划

学习目标

1. 能通过与客户的专业沟通明确工作任务，并准确概括、复述任务内容及要求。

2. 能描述数据恢复的基本原理。

3. 能合理制订工作计划。

建议学时：4学时

学习过程

一、明确工作任务

根据工作情境描述，模拟实际场景进行沟通交流练习，写出本任务客户需求的要点。

二、学习数据恢复的基本知识

1. 在哪些正常或不正常的情况下，文件会从硬盘消失？本任务的工作情境描述中叙述的情况属于哪种？

2. 在 Windows 操作系统中，直接按 Delete 键或使用“删除”命令，是否将文件彻底删除、不再占用硬盘空间了？如果不是，如何操作可直接彻底删除、不再占用硬盘空间？

3. 经上述操作后，文件已被彻底删除，并且不在硬盘中占用空间，但在一定条件下，该文件仍有可能被找回。查阅相关资料，简述数据恢复的基本原理。

4. 彻底删除一个文件后，什么情况有可能会导致恢复失败？查阅相关资料，结合数据恢复的原理，简述导致恢复失败的原因。

5. 格式化是指对磁盘中的分区进行初始化的一种操作，这种操作通常会导致现有分区中所有的文件被清除。查阅相关资料，了解格式化的基本知识，简要说明被格式化的文件是否还有可能找回。

6. 使用“数据恢复”和“数据恢复软件”等关键词在搜索引擎中搜索，列举较为常见的数据恢复软件的名称。

7. 结合以上学习，并了解数据恢复软件的基本功能，针对在不同情况下消失文件的恢复，简述解决问题的思路。

文件消失的情况	解决思路
误删进回收站，未清空	
彻底删除	
格式化	
硬盘损坏	

三、制订工作计划

了解相关准备知识后，确定实施本任务的基本步骤，自行设计表格，制订小组工作计划。

学习活动2 实 施 作 业

学习目标

1. 能正确选择、获取并安装数据恢复软件。
2. 能使用数据恢复软件完成丢失数据的恢复。

建议学时：16学时

学习过程

一、选定并获取数据恢复软件

1. 对比常用的数据恢复软件，选择其中一种使用。简述选择的理由。

2. 通过正规途径获取该软件，注意区分软件的不同版本、是否为最新版等。记录所选用的软件版本号，如非最新版，说明理由。

3. 简述软件获取过程，并总结其中的问题和经验，如通过网站下载时，如何区别广告、假链接，如何避免病毒和恶意软件等。

二、安装数据恢复软件

1. 安装下载好的数据恢复软件，记录安装过程中遇到的问题并总结经验。

2. 根据软件说明，对软件进行激活，简要记录操作过程。

三、利用软件恢复数据

常用的数据恢复软件使用起来相对简单，一般按照提示指引逐步操作即可完成。下面以 EasyRecovery 软件为例完成数据恢复任务。

1. 从下图所示主界面可以看出，除数据恢复外，EasyRecovery 还可以实现磁盘诊断、文件修复、邮件修复等功能。熟悉“数据恢复”菜单下的各项功能。对于本任务需要完成的数据恢复工作，应选择下图中的哪一项功能?

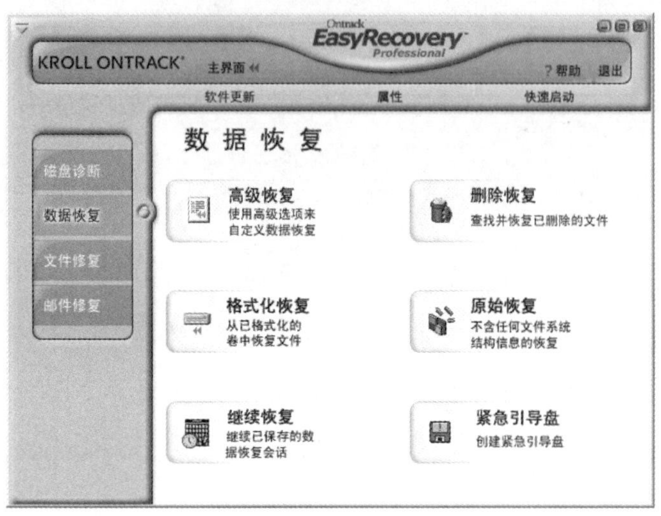

2. 为提高数据恢复过程中的扫描速度，EasyRecovery 提供了快速扫描与完整扫描两种模式，还支持使用文件过滤器对文件名、文件修改时间等进行筛选。仔细阅读说明，了解相关选项的功能，并结合本任务的情况，说明应如何设置。

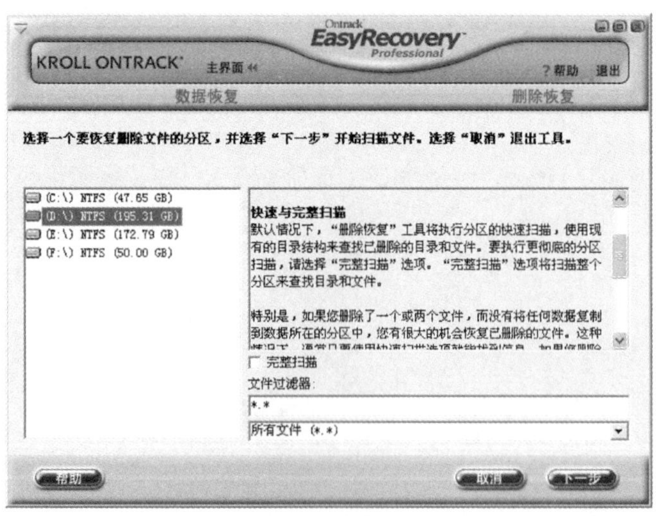

3. 扫描完成后，EasyRecovery 以树状结构展示扫描到的内容，如下图中左侧窗格所示。和 Windows 操作系统中的文件夹结构及内容对比，说明 EasyRecovery 是按照什么规则来显示的。

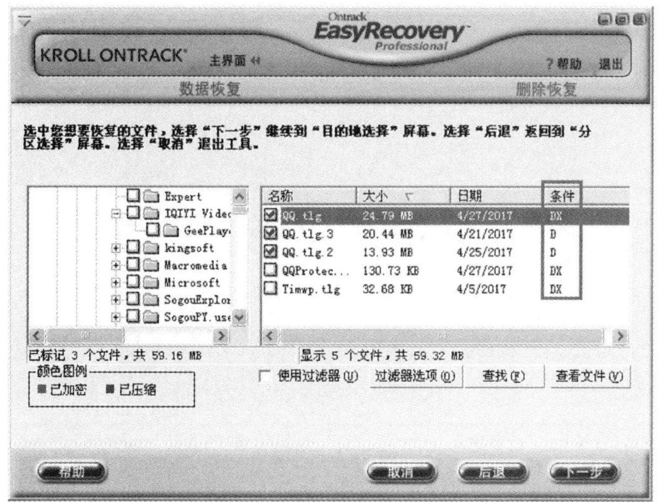

4. 在上图所示文件列表中，“条件”一栏中的 D、DX、X 等标记含义是什么？查阅资料，记录下来，并说明带有相应标记的文件能否恢复并使用。

D：

DX：

X：

5．软件扫描到的已删除文件可能较多，目标文件不易找到，此时可借助软件提供的过滤器等辅助功能缩小查找范围。尝试相关设置，找到目标文件，并记录操作过程要点。

6．选择恢复后的文件的存储位置，如下图所示，将路径记录下来。

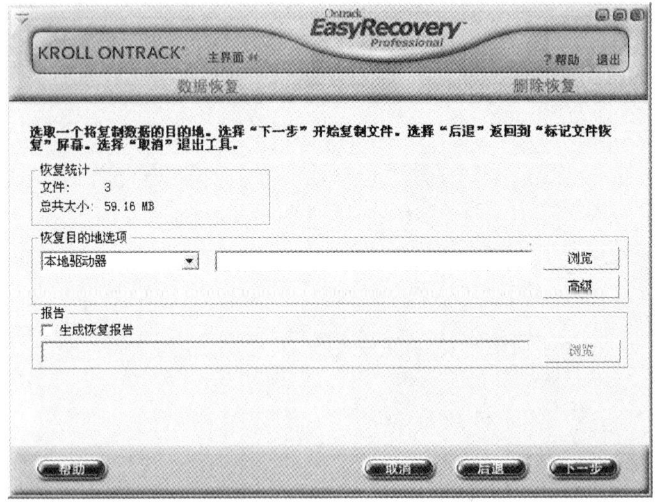

7. 恢复完成后，软件提示如下图所示。到恢复后的文件存储位置查看恢复效果。观察文件位置，简要说明软件是按什么规则来存储已恢复文件的。

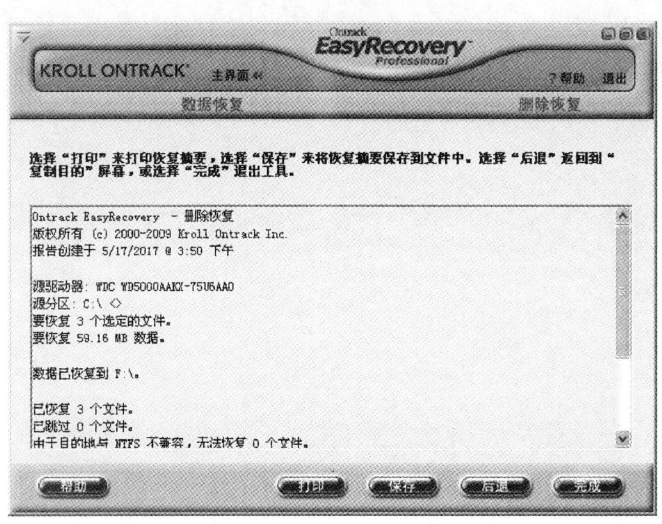

8. 如按上述步骤未能找到被删除的文件，应如何处理？是否还有其他解决方案？简要记录下来并尝试操作。

9. 如前所述，除了删除恢复，EasyRecovery 还支持格式化恢复等其他恢复功能。

（1）文件所在的驱动器被格式化，要恢复格式化之前的文件，应选择____________，模拟该情景下的数据恢复任务。完成操作，并将操作要点、注意事项、问题及解决办法等记录下来。

（2）一个已损坏且打不开的 U 盘，要恢复其中的文件，应选择____________，模拟该情景下的数据恢复任务。完成操作，并将操作要点、注意事项、问题及解决办法等记录下来。

10. 查看“数据恢复”以外其他菜单的内容及其说明，试用“磁盘诊断”菜单下的各项功能，简述诊断内容、作用，并记录诊断结果。

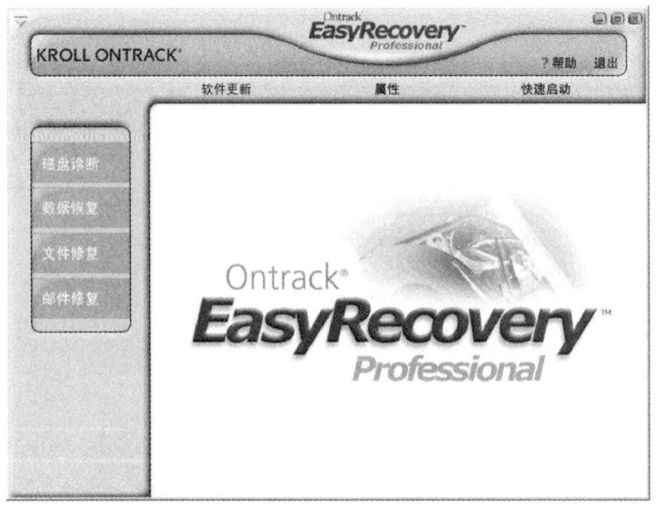

四、练习使用其他数据恢复软件

可实现数据恢复功能的软件很多，功能用法大同小异。但不同软件的实现技术各有不同，有时用一种软件无法修复的文件，用另外一种软件则可能可以修复。尝试使用其他数据恢复软件进行数据恢复练习，结合使用体验，简要说明各个软件的特点及区别。

五、记录所遇问题及解决方法

在数据恢复过程中还遇到了哪些问题？如何解决的？在下表中记录下来。

所遇问题	解决方法

学习活动 3　自检及交付验收

学习目标

1. 能按工作流程完成交付验收。
2. 能完成重要数据的备份和还原操作。

建议学时：10 学时

学习过程

一、自检

找到已恢复的文件，运行或打开，检查文件是否正常，将测试结果记录下来。

二、交付验收

1. 采用角色扮演形式，完成与用户的工作交接。把数据恢复结果交付于用户，与用户一起验证恢复后数据的有效性。与客户进行沟通，对是否成功恢复文件、所恢复的文件能否正常使用及其原因讲述清楚。将沟通要点记录下来。

2. 需要通过数据恢复找回文件，常常是由于用户的误操作引起的。采用角色扮演形式模拟实际场景进行交流沟通，对用户的日常使用习惯提出建议，向其说明为了防止误删除的情况，平常在处理数据时，应养成怎样的习惯。

3. 定时备份重要数据是避免误操作删除文件造成损失的重要方法，在完成数据恢复工作后，还可向用户介绍相关的操作常识。

Windows 7 操作系统自身便提供了文件的备份及还原功能，如图所示。

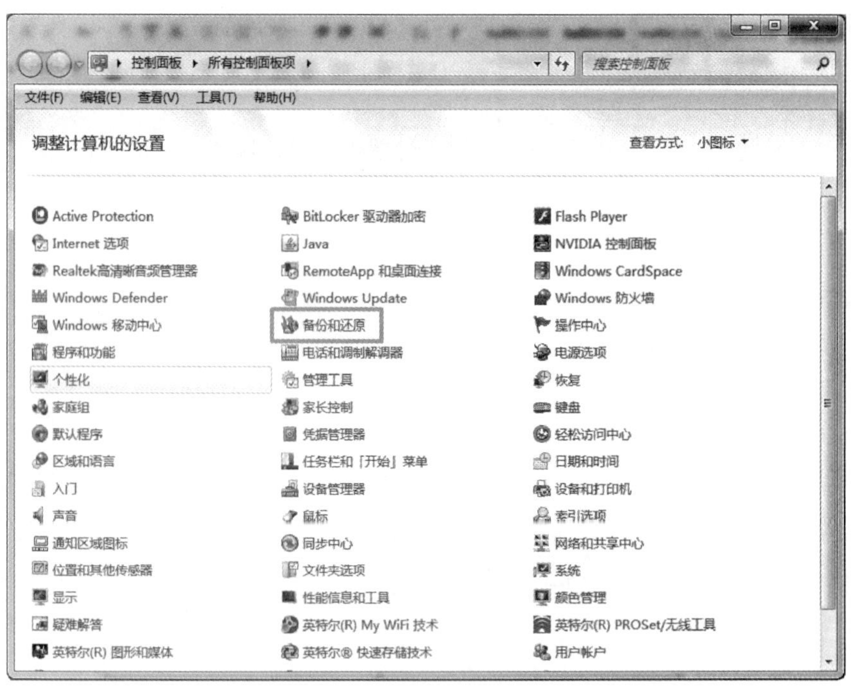

（1）文件备份、还原的操作较为简单，按照系统提供的向导和帮助文档的提示即可完成相关操作。实际操作尝试文件的备份、还原功能，将操作中的要点记录下来。

（2）Windows 7 操作系统还支持定时自动备份，实际操作一下，说明可定义哪些形式的自动备份方式。

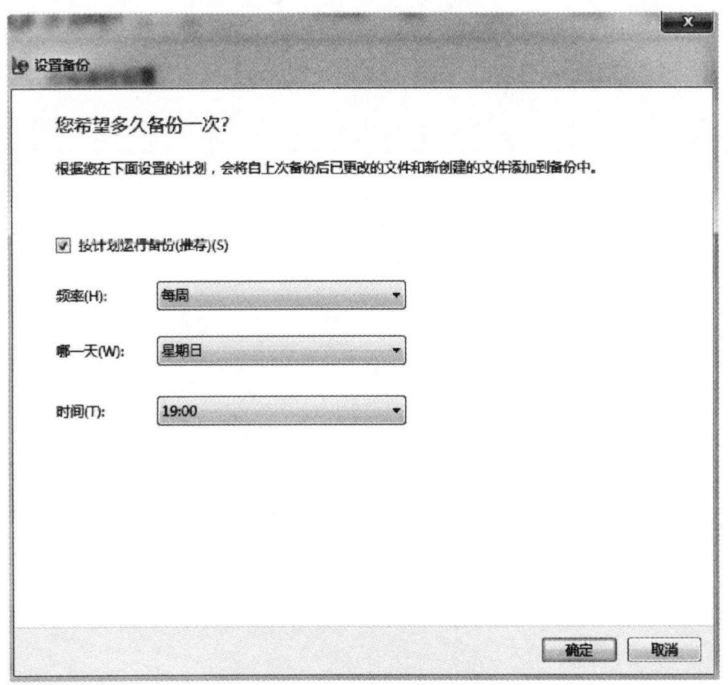

(3) 通过相关设置，可以提高备份效率。如果仅要备份某个驱动器下的某个文件夹，下图中哪几项可以去除勾选？

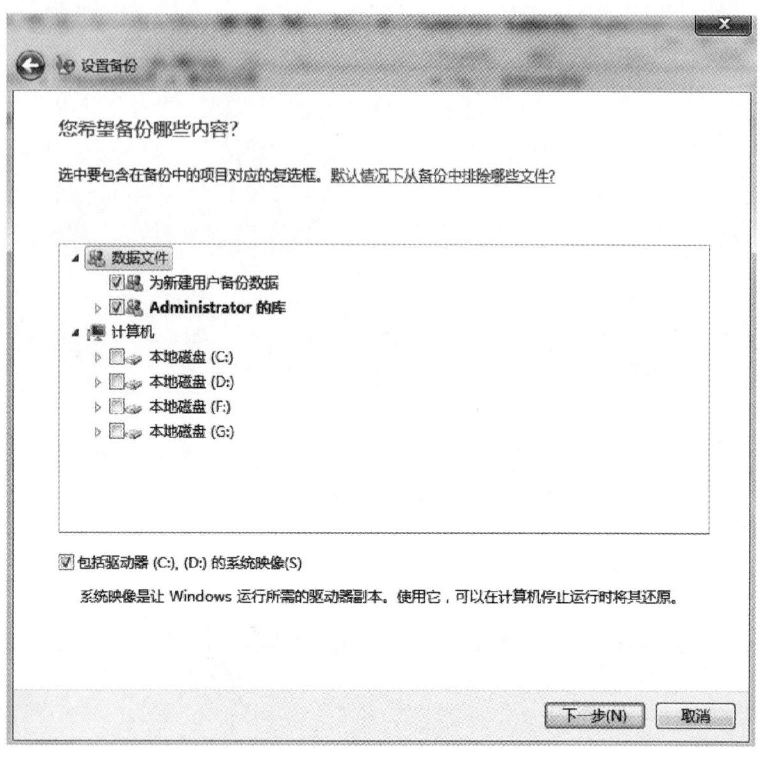

(4) 如果想还原的文件不是最新版本，只是前一个星期某天的版本，在下图中应单击________________按钮进行选择。

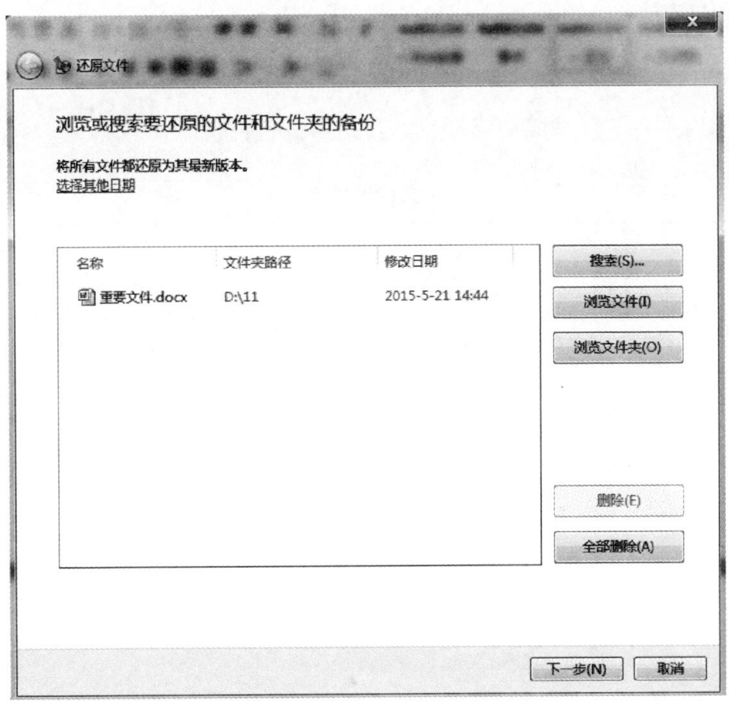

（5）查询资料并讨论，日常使用中对文件进行备份，还有哪些途径？列举出来，并对比其优缺点，然后通过实际操作了解各自的使用方法。

三、总结评价

按照“客观、公正和公平”原则，在教师的指导下按自我评价、小组评价和教师评价三种方式对自己和他人在本学习任务中的表现进行综合评价。

考核评价表

<table>
<tr><td>班级</td><td colspan="2"></td><td>学号</td><td colspan="2"></td><td>姓名</td><td colspan="2"></td></tr>
<tr><td rowspan="2">评价项目</td><td rowspan="2" colspan="2">评价标准</td><td colspan="3">评价方式</td><td rowspan="2">权重</td><td rowspan="2">得分小计</td><td rowspan="2">总分</td></tr>
<tr><td>自我评价</td><td>小组评价</td><td>教师评价</td></tr>
<tr><td>职业素养与关键能力</td><td colspan="2">1. 遵守管理规定及课堂纪律
2. 学习积极主动、勤学好问
3. 具有团队合作精神</td><td></td><td></td><td></td><td>30%</td><td></td><td rowspan="2"></td></tr>
<tr><td>专业能力</td><td colspan="2">1. 能描述数据恢复的基本原理
2. 能正确选择、获取并安装数据恢复软件
3. 能使用数据恢复软件完成丢失数据的恢复</td><td></td><td></td><td></td><td>70%</td><td></td></tr>
<tr><td>综合等级</td><td></td><td>指导教师签名</td><td colspan="2"></td><td colspan="2">日期</td><td colspan="2"></td></tr>
</table>

填写说明：

1. 各项评价采用10分制，根据符合评价标准的程度打分。

2. 得分小计按以下公式计算：

得分小计 =（自我评价 ×20% + 小组评价 ×30% + 教师评价 ×50%） ×权重

3. 综合等级按A（9≤总分≤10）、B（7.5≤总分<9）、C（6≤总分<7.5）、D（总分<6）四个级别填写。

学习任务七　档案室计算机中毒后的系统恢复

1. 能通过与客户的专业沟通明确工作任务，并准确概括、复述任务内容及要求。
2. 能合理制订工作计划。
3. 能描述硬盘的结构、硬盘分区等基本知识。
4. 能制作 USB 启动盘。
5. 能使用 USB 启动盘引导系统。
6. 能使用分区工具对分区进行修复。
7. 能按工作流程对任务成果进行检查并交付验收。

20 学时

某单位档案室计算机装有专用保密办公系统和档案系统，负责与上级管理部门的公文往来和全单位的档案存储。某天管理员启动计算机后，显示屏上出现“Error1962：No operating system found. Press any key to repeat boot sequence.”提示。经主管询问，上述问题或因从 U 盘拷贝文件中毒破坏了磁盘分区表而导致。现要求网络管理员重建磁盘分区表，恢复系统及数据。

工作流程与活动

学习活动 1　明确任务和制订计划

学习活动 2　实施作业

学习活动 3　自检及交付验收

学习活动1　明确任务和制订计划

学习目标

1. 能通过与客户的专业沟通明确工作任务，并准确概括、复述任务内容及要求。
2. 能描述硬盘的结构、硬盘分区等基本知识。
3. 能合理制订工作计划。

建议学时：4学时

学习过程

一、明确工作任务

根据工作情境描述，模拟实际场景进行沟通交流练习，写出本任务客户需求的要点。

二、学习硬盘的基本知识

1. 查阅资料或通过互联网检索，简要描述机械硬盘的结构。

2. 机械硬盘最基本的组成部分是磁头和磁盘。一个硬盘中有几个磁头和几个磁盘?

3. 磁头是机械硬盘中最昂贵的部件，也是硬盘技术中最重要和最关键的一环。查阅资料或通过互联网检索，写出磁头的功能。

4. 磁盘在旋转时，磁头保持在某一个位置上，连续的数据就被存储在磁盘表面的一个圆形轨迹中，这些轨迹称为什么?

5. 一个磁道可以容纳若干 KB 数据，而实际读写时并不需要一次读写这么多，所以每个磁道被分为若干个弧段，这些弧段称为什么? 每个弧段可以容纳多少数据?

6. 每个盘面都被划分成数目相等的磁道，并从外缘起从“0”开始编号，具有相同编号的磁道构成一个柱面，这个柱面称为什么？

7. 结合上面的引导问题，写出下面直线所指向的硬盘结构名称。

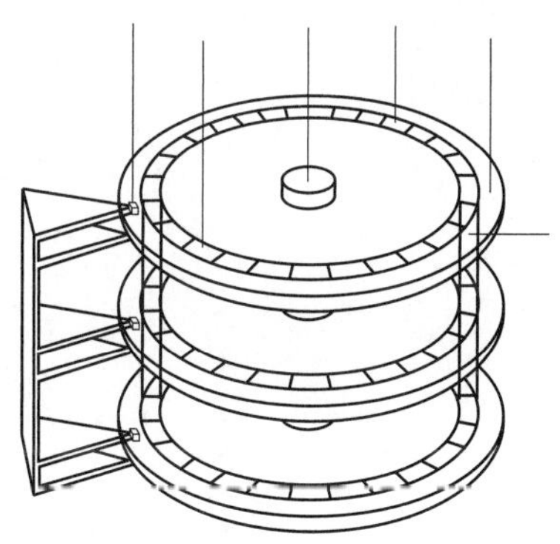

8. 目前，随着技术的发展，采用电子存储芯片阵列制成的固态硬盘（Solid State Drives，SSD）得到了越来越广泛的应用。查阅资料或通过互联网检索，简要说明和机械硬盘相比，固态硬盘具有哪些特点。

三、学习硬盘分区的基本知识

1. 什么是磁盘分区表？其作用是什么？

2. 什么是 MBR？其作用是什么？

3. 如果硬盘的分区表损坏，计算机能不能正常启动？如不能启动，应采用什么措施？

小提示

一旦分区丢失，首先要保持冷静，立即停止对问题硬盘进行操作，最大限度地避免向问题硬盘中写入新的数据。操作系统在运行时，一般都会向硬盘中写入一些临时数据，而这些对于用户而言并不透明，因此最好立即关机。

四、制订工作计划

了解相关准备知识后，确定实施本任务的基本步骤，自行设计表格，制订小组工作计划。

学习活动2　实 施 作 业

学习目标

1. 能制作USB启动盘。
2. 能使用USB启动盘引导系统。
3. 能使用分区工具对分区进行修复。

建议学时：14学时

学习过程

一、制作USB启动盘

分区表丢失后，无法直接进入硬盘中的操作系统，此时可通过安装在U盘中的操作系统对硬盘进行控制，实现修复。这就需要首先制作一个USB启动盘。目前市面上有较多U盘启动制作工具，可实现“傻瓜式”一键制作，而且在网上一般都能查到较为详尽的使用教程，因此只需准备好符合要求的U盘，按照工具引导提示进行操作即可很简单地完成USB启动盘的制作。

1. 通过互联网检索，选择一种U盘启动制作工具并下载，记录它的名称、版本，并简述选择理由。

2. 制作USB启动盘对U盘有什么要求？

3. 在制作USB启动盘前，需要对一些参数进行设置，如下图两个示例所示。查阅资料，简要说明各个参数的含义，并结合当前设备和操作系统情况，说明应如何选择。

4. 设置完成后，按提示完成制作。将 USB 启动盘制作过程中遇到的问题和解决方法记录下来。

所遇问题	解决方法

二、使用 USB 启动盘引导启动

将 USB 启动盘插入计算机，在 BIOS 中设置第一启动顺序为 U 盘，重启计算机，即可进入 USB 启动盘。

1. 什么是 BIOS？其主要功能是什么？

2. 使用不同主板的计算机进入 BIOS 的方法略有不同，本任务所操作的计算机如何进入BIOS?

3. 如何修改为 U 盘启动? 在 BIOS 设置中找到该参数，并将其位置和修改方法记录下来。

4. 正确配置并重启后，计算机将由 U 盘引导启动，进入 U 盘启动工具提供的菜单界面，如下图所示。如不能正常进入，查找原因并解决，把过程记录下来。

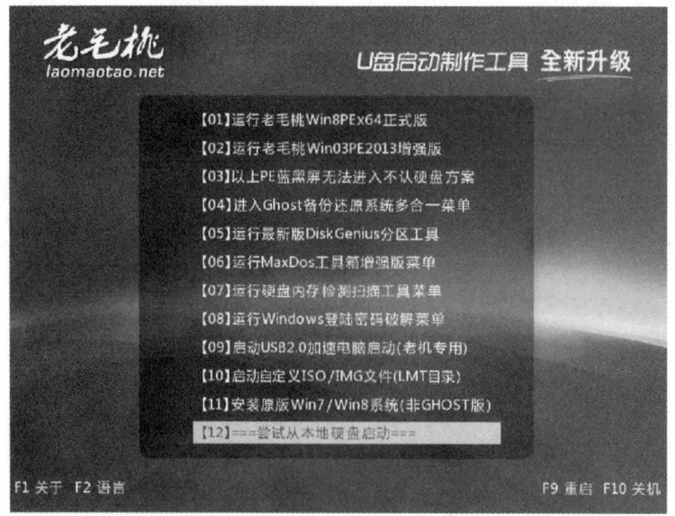

三、使用分区工具修复分区

1. 使用上述方法制作的USB启动盘中，一般都会自带磁盘分区工具，例如上图所示菜单中，即提供了DiskGenius分区工具。查阅资料或通过互联网检索，常用的磁盘分区工具还有哪些？各有什么特点？

2. USB启动盘通常还会提供Windows PE环境，Windows PE可以看做是一个简化版的Windows操作系统。如何进入Windows PE环境？按提示正确选择并操作，注意观察并简要记录Windows PE与完整Windows操作系统的相同点和不同点。

3. 运行磁盘修复软件对分区进行修复。下面以DiskGenius的使用为例，说明修复方法。

（1）启动DiskGenius软件，在软件左侧选中需要修复的硬盘。

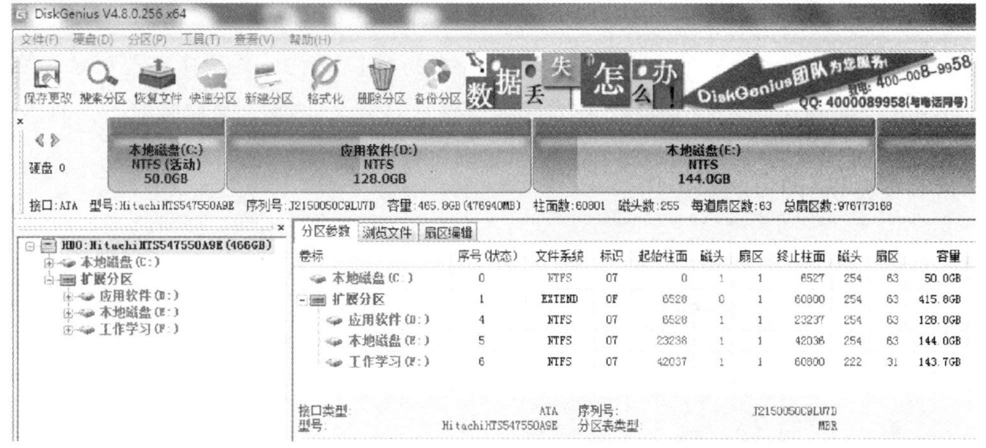

（2）单击“工具”菜单，选择“搜索已丢失的分区”命令。

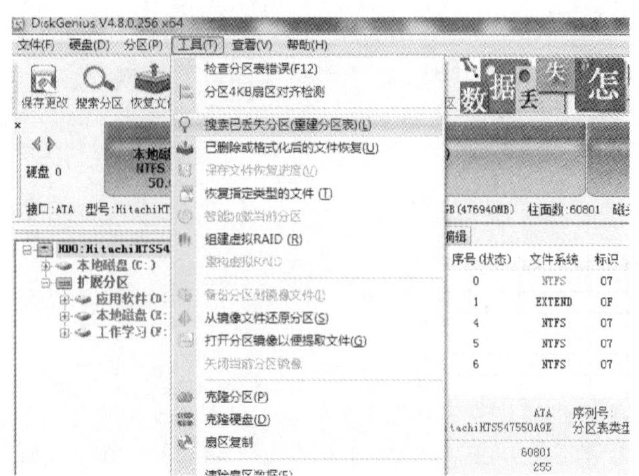

（3）选定搜索范围，单击“开始搜索”进行搜索。本任务所指定的搜索范围是____________。

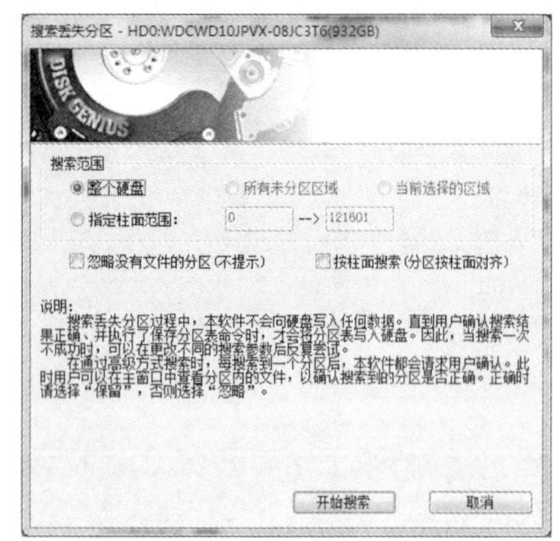

（4）如果在搜索过程中，找到的是所寻找的丢失分区，那么单击“保留”按钮，软件会将该分区保留下来，然后继续查找和该分区一起存在的其他分区。如果在搜索过程中，找到的分区与所寻找的完全不一样，可单击“忽略”。例如，原逻辑分区是四个，但是提示中只有三个，那么则需要单击“忽略”按钮。

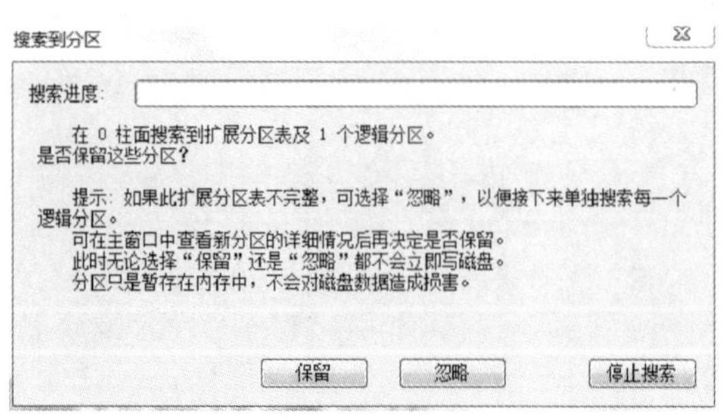

（5）如果已经找到了丢失的分区，那么单击“保存更改”，等待软件处理之后，系统便会恢复到原来的分区列表。

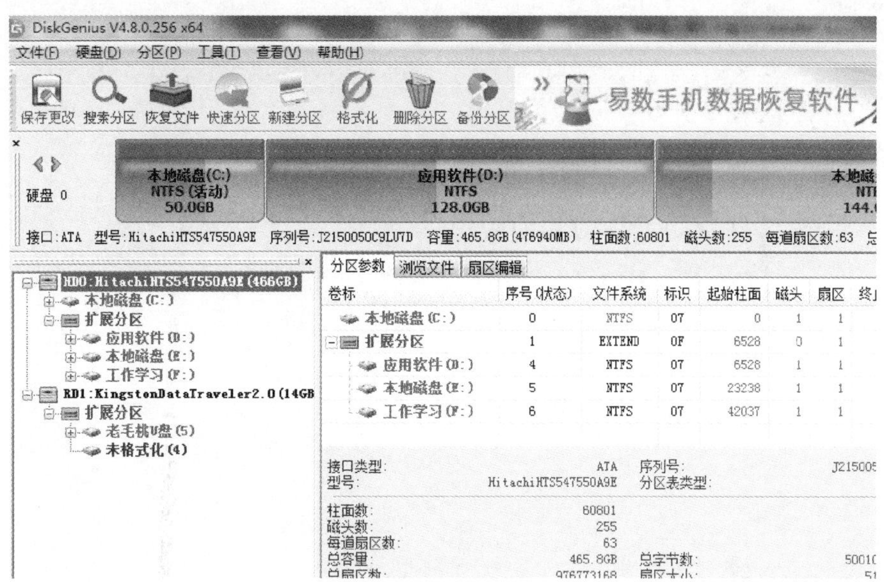

（6）至此，磁盘分区表恢复完成，重启计算机后，就可以进入原来的硬盘了。

4. 按照软件指引完成操作任务，将操作过程中的要点、遇到的问题和解决方法等记录下来。

5. 修复成功后，将 BIOS 中的默认启动选项改回硬盘启动。将相关选项位置及选项内容记录下来。

四、了解 U 盘启动工具的其他应用

1. DiskGenius 等分区工具除了能完成本任务的分区修复外，还能实现多种功能，查看软件中各项菜单，简述该软件可实现哪些常用功能，以备将来解决其他磁盘问题时使用。

2. 对于系统分区故障的防范，除了规范日常的使用习惯外，还应注意对系统进行周期性地备份，以防数据丢失。常用的系统备份工具有 GHOST 等，一般 U 盘启动工具中也会带有 GHOST 软件。查阅相关资料并实际操作，了解 GHOST 的基本功能和使用方法，并进行系统备份、恢复的操作练习，将要点和注意事项记录下来。

学习活动3　自检及交付验收

学习目标

1. 能按工作流程完成交付验收。
2. 能完成重要数据的备份和还原操作。

建议学时：2 学时

学习过程

一、自检

正常启动计算机，并测试基本功能，检查功能是否正常。如存在问题，针对问题现象查询资料，查找处理方法，将问题和解决方法记录下来。

二、交付验收

采用角色扮演形式，模拟与用户的交接工作。注意描述清楚故障原因、处理方式、处理结果，并向用户介绍日常使用注意事项，避免因使用不到再次造成类似故障。将交流要点记录下来。

三、总结评价

按照“客观、公正和公平”原则，在教师的指导下按自我评价、小组评价和教师评价三种方式对自己和他人在本学习任务中的表现进行综合评价。

考核评价表

<table>
<tr><td>班级</td><td colspan="2"></td><td>学号</td><td colspan="2"></td><td>姓名</td><td colspan="2"></td></tr>
<tr><td rowspan="2">评价项目</td><td rowspan="2" colspan="2">评价标准</td><td colspan="3">评价方式</td><td rowspan="2">权重</td><td rowspan="2">得分小计</td><td rowspan="2">总分</td></tr>
<tr><td>自我评价</td><td>小组评价</td><td>教师评价</td></tr>
<tr><td>职业素养与关键能力</td><td colspan="2">1. 遵守管理规定及课堂纪律
2. 学习积极主动、勤学好问
3. 具有团队合作精神</td><td></td><td></td><td></td><td>30%</td><td></td><td rowspan="2"></td></tr>
<tr><td>专业能力</td><td colspan="2">1. 能描述硬盘的结构、硬盘分区等基本知识
2. 能制作和使用 USB 启动盘
3. 能使用分区工具对分区进行修复</td><td></td><td></td><td></td><td>70%</td><td></td></tr>
<tr><td>综合等级</td><td></td><td>指导教师签名</td><td colspan="2"></td><td>日期</td><td colspan="3"></td></tr>
</table>

填写说明：

1. 各项评价采用 10 分制，根据符合评价标准的程度打分。

2. 得分小计按以下公式计算：

得分小计 = （自我评价 ×20% + 小组评价 ×30% + 教师评价 ×50%） ×权重

3. 综合等级按 A（9≤总分≤10）、B（7.5≤总分 <9）、C（6≤总分 <7.5）、D（总分 <6）四个级别填写。

学习任务八　云终端与智能终端维护

1. 能通过与客户的专业沟通明确工作任务，并准确概括、复述任务内容及要求。
2. 能合理制订工作计划。
3. 能描述桌面云系统的主要特点、基本组成和工作过程。
4. 能描述云终端、云服务器等设备的品牌型号、功能特点等。
5. 能为新接入的云终端分发虚拟桌面，完成相关配置和连接。
6. 能解决云终端与云服务器连接中的简单故障。
7. 能按工作流程对任务成果进行检查并交付验收。

10 学时

某单位为实现云管理，新购置云服务器及客户端软、硬件一套。要求在云服务器端规划并部署客户端用户及其能获取到的相关资源；在云终端及智能终端上实现与云服务器的连接和云资源的使用。现需网络管理员根据企业需求向用户分发虚拟桌面，并完成云终端连接到云服务器的相关配置。

工作流程与活动

学习活动1 明确任务和制订计划

学习活动2 实施作业

学习活动3 自检及交付验收

学习活动1　明确任务和制订计划

学习目标

1. 能通过与客户的专业沟通明确工作任务，并准确概括、复述任务内容及要求。

2. 能描述桌面云系统的主要特点、基本组成和工作过程。

3. 能描述云终端、云服务器等设备的品牌型号、功能特点等。

4. 能合理制订工作计划。

建议学时：2学时

学习过程

一、明确工作任务

根据工作情境描述，模拟实际场景进行沟通交流练习，写出本任务客户需求的要点。

二、学习桌面云系统的基本知识

传统的办公网络一般由网络服务器和接入网络的若干独立计算机组成，此类网络往往存在不便于统一管理、安全性低、数据难以共享、软件资源过于分散、硬件资源难以共用等问题。随着网络带宽的不断扩大和网络技术的不断发展，越来越多的企业开始使用桌面云系统来组建办公网络。

1. 查阅相关资料或通过互联网检索，写出以下名词的基本概念。

云终端：

瘦客户机：

云服务器：

虚拟桌面：

2. 桌面云系统最基本的组成部分是用户侧的云终端（或瘦客户机）和对其进行管理的云服务器。而传统的办公网络中也包含了用户侧的 PC 机和负责网络管理的服务器。查阅相关资料或通过互联网检索，简述这类办公网络和传统办公网络最大的区别是什么，相关设备的角色和功能有什么区别。

3. 从硬件成本、网络管理、网络安全、系统运行速度、用户使用的便捷性、工作效率等各个方面，对比桌面云系统和传统办公网络，列举优缺点。

三、认识设备

结合本任务实际情况，认识网络中的各个设备，查阅产品说明，记录其基本信息，包括设备的品牌、型号，以及所用操作系统和云桌面管理系统的类型和版本等。查阅资料，了解主流的云桌面管理系统还有哪些。

四、制订工作计划

通过资料查询，初步确定云终端管理的基本工作内容，明确实施本任务的基本步骤，自行设计表格，制订小组工作计划。

学习活动2 实施作业

学习目标

1. 能为新接入的云终端分发虚拟桌面，完成相关配置和连接。

2. 能解决云终端与云服务器连接中的简单故障。

建议学时：7 学时

学习过程

一、配置虚拟桌面

在云桌面系统中，用户侧本地不存储任何数据，所有的操作都是通过虚拟桌面连接到云服务器上的“虚拟机”来实现的。在本任务的工作情境下，云服务器及管理系统已由专业技术人员安装配置完毕，管理员只需使用管理软件对存储空间进行分配、对可访问资源的权限进行设置、对用户账户进行管理即可。查阅产品说明及相关资料，完成用户虚拟桌面的初始化配置，并将要点记录下来。

1. 需要配置的基本参数，除用户的账户密码、空间大小、使用权限等，还包括哪些？将操作要点及所配置的参数记录下来。

2. 对于用户虚拟机的初始化配置，还需要做哪些工作?

3. 能否对配置好的相关设置进行修改? 如何操作?

4. 管理系统是否支持对多个用户的批量配置和管理? 如支持，记录操作方法和要点。

二、将云终端接入网络

想要让云终端正常连接到云服务器，使用虚拟桌面办公，首先要将它正确接入局域网中，这包括网络的物理连接和网络地址的配置等。查阅产品说明和相关资料，简要记录操作要点和主要配置参数。

三、连接测试

通过云终端连接虚拟桌面，如不能正常连接，查阅产品说明及相关资料，检查问题原因并排除故障。

1．云终端的连接配置是否正常？是如何测试的？

2．在云服务器管理平台上，如何查看用户的连接状态及错误提示信息等？

3．自行设计表格，将故障检查及排除过程记录下来，应注意包括问题现象、检查过程、错误提示信息、处理方法等主要内容。

四、管理虚拟桌面

除了成本优势，采用云桌面的一大优点就是能够实现对“虚拟机”的统一管理，如软件的统一安装管理等。查阅产品说明，简述管理系统能实现哪些统一管理功能。

五、使用其他终端访问云桌面

在云桌面系统中，用户的“计算机”实际是在云服务器上，云终端仅起到登录工具的作用，因此很容易想到，通过其他终端也应该是可以访问虚拟桌面的。

1. 查阅产品说明及相关资料，说明如何通过互联网中的其他计算机连接到虚拟桌面？需要进行哪些配置？有哪些注意事项？实际操作尝试一下。

2. 本任务所用的云桌面系统是否支持台式计算机或笔记本电脑以外的其他智能终端（如平板电脑、手机等）登录访问？如支持，简要说明可实现的功能和使用方法。

六、记录所遇问题及解决方法

在任务实施过程中还遇到了哪些问题？如何解决的？在下表中记录下来。

所遇问题	解决方法

学习活动 3　自检及交付验收

学习目标

1. 能按工作流程完成交付验收。
2. 能完成重要数据的备份和还原操作。

建议学时：1 学时

学习过程

一、自检

在云终端断电后重新上电、云服务器重启等多种情况下，通过不同终端登录，测试虚拟桌面能否正常访问使用，自行设计表格，记录测试结果。

二、交付验收

采用角色扮演形式，完成与用户的工作交接，与客户共同测试云终端的使用。与客户进行沟通，详细讲解云终端的特点、使用方法及注意事项。将沟通要点记录下来。

三、总结评价

按照“客观、公正和公平”原则，在教师的指导下按自我评价、小组评价和教师评价三种方式对自己和他人在本学习任务中的表现进行综合评价。

考核评价表

<table>
<tr><td>班级</td><td colspan="2"></td><td>学号</td><td colspan="2"></td><td>姓名</td><td colspan="3"></td></tr>
<tr><td rowspan="2">评价项目</td><td colspan="2" rowspan="2">评价标准</td><td colspan="3">评价方式</td><td rowspan="2">权重</td><td rowspan="2">得分小计</td><td rowspan="2">总分</td></tr>
<tr><td>自我评价</td><td>小组评价</td><td>教师评价</td></tr>
<tr><td>职业素养与关键能力</td><td colspan="2">1. 遵守管理规定及课堂纪律
2. 学习积极主动、勤学好问
3. 具有团队合作精神</td><td></td><td></td><td></td><td>30%</td><td></td><td rowspan="2"></td></tr>
<tr><td>专业能力</td><td colspan="2">1. 能描述桌面云系统的主要特点、基本组成和工作过程
2. 能为新接入的云终端分发虚拟桌面，完成相关配置和连接
3. 能解决云终端与云服务器连接中的简单故障</td><td></td><td></td><td></td><td>70%</td><td></td></tr>
<tr><td>综合等级</td><td></td><td>指导教师签名</td><td colspan="2"></td><td colspan="2">日期</td><td colspan="2"></td></tr>
</table>

填写说明：

1. 各项评价采用 10 分制，根据符合评价标准的程度打分。

2. 得分小计按以下公式计算：

得分小计 =（自我评价 ×20% + 小组评价 ×30% + 教师评价 ×50%）×权重

3. 综合等级按 A（9≤总分≤10）、B（7.5≤总分 <9）、C（6≤总分 <7.5）、D（总分 <6）四个级别填写。